U0521665

越独立 越幸福

林慧思 —— 著

中国纺织出版社有限公司　国家一级出版社
全国百佳图书出版单位

内 容 提 要

本书作者以多年的相关心理工作为基础，从作者的自我体验出发，以 30 岁左右的轻熟女性为目标读者，结合当下社会关注的女性热点话题，进行故事性的表达与解读，力图通过生动的文字，朋友式的口吻，结合自身和身边女性的真实经历，唤醒女性的自我意识，强调女性的自尊、独立、勇敢，给予轻熟女性更多的情感共鸣与成长力量。

图书在版编目（CIP）数据

越独立，越幸福 / 林慧思著. ——北京：中国纺织出版社有限公司，2022.6
ISBN 978－7－5180－9285－7

Ⅰ. ①越⋯ Ⅱ. ①林⋯ Ⅲ. ①女性心理学–通俗读物 Ⅳ. ①B844.5-49

中国版本图书馆CIP数据核字（2022）第002739号

责任编辑：刘 丹　　责任校对：楼旭红　　责任印制：何 建

中国纺织出版社有限公司出版发行
地址：北京市朝阳区百子湾东里A407号楼　邮政编码：100124
销售电话：010—67004422　传真：010—87155801
http：//www.c-textilep.com
中国纺织出版社天猫旗舰店
官方微博 http://weibo.com/2119887771
北京华联印刷有限公司印刷　各地新华书店经销
2022年6月第1版第1次印刷
开本：880×1230　1/32　印张：7
字数：137千字　定价：49.80元

凡购本书，如有缺页、倒页、脱页，由本社图书营销中心调换

推荐序 1

让她的文字，照见你的内心

作为心理咨询师，常年下潜心灵的幽深之处，有时会对现实时间的流逝变得模糊不觉。慧思在新书完稿之际，邀我写一篇序，这才惊觉，在节目中认识她至今，已近七年。

七年来，眼见慧思从有着明媚笑容的青春女孩，蜕变得从容、沉稳，举手投足，一笑一颦，都透露着成熟女性的自信和独立。我们的交谈，也从电波里的专业解析到生活中的相互了解，在一次又一次的心灵碰撞中，我们建立了很深的信任和情感。我一直知道，慧思是一个天生的艺术家，她总能从平常的瞬间体验温暖，于细微之处感受美好，在纷繁的生活中看见复杂的人性。

直至看完《越独立，越幸福》的书稿，才意识到我过去对她的了解只是很小的一部分，也明白了我为何会和慧思走得这么近。身为女性，我们都着力于内在自我的成长，会从平常的小事中思考那一切发生发展的意义，并将这思考应用于自己的工作和生活；也都本能地从自己的经验中学习，努力探索自己真正想要的东西，并勇敢跳出舒适圈，让内心直觉引领自己，目光坚定，一往无前。比如"如果看不清未来，请着眼当下"一节中，慧思讲到了她的职业发展之路，以及她作出每一个选择的思考过程。"很多事情无须解释，因为只有自己最懂""我们确实要为将来打算，但活好当下也是一条出路"……这一条条金句，让我在产生很深的共鸣之余，也希望更多人能够读到它，尤其是那些彷徨于人生选择的年轻人，我相信读者一定能从慧思的坦诚分享中，听清自己内心的声音，看见自己想去的方向。

读好书的价值在于，可以让我们在作者的文字里，体验自己的感受，整理自己的内心，寻找自己的答案。慧思的笔触清新自然，在这本书里，有生活故事的点滴记录，有职业选择的波澜壮阔，也有友情关系的温暖美好，但又不止步于此。作为一位专业主持人，慧思总能从看似普通的故事里看到和想到常人所不能及的广度和深度，并能用简洁明了的文字准确地表达出来。比如，她会从爱舞、学舞、练舞的经验中认识到，保持一个热情执着的爱好，是认识世界的一种方式，也是深入理解自己、扩展对自己的认知的方式。我还记得读到"执着的爱好，女人一生的伙伴"这一节时，停下来思考了很久，在脑海里排序所有的兴趣爱好，试图选出最能激发我热情的一个。而当我意识到自己正在这样做时，心中顿时升起对慧思的感谢——感谢她启发了我，不是以一个朋友的角度，而是作为一个普通读者的身份。

这本书带给我的另一个感觉，是被温暖、被映照。多年以来，除非工作必须，我都是深居简出，把社交范围缩小到最低限度。一方面是我对人心的兴趣远甚于物质世界，但更主要的原因是，对于我来说，和情感上亲近的人在一起，更能让我感到心灵上的宁静和满足，那些浮于表面的人际来往，有时候对我是一种精神和体力的双重消耗。然而，人是社会的动物。我有时候也认为自己活得有些封闭了，应该多出去见见各种各样的人。所以在读到"将社交活动降到最低，减少与外界的联系"段落时，让我忍不住莞尔一笑，顿时就自我接纳了。

读一本用心写作的书，就是会有这种亲近感，让内心变得柔软，精神愈加放松。多读书，读好书，是亲近自己的方式，也是提升感受性、扩容思想空间的途径。愿我们都能在书的海洋中，吸收营养，滋润心脾，收获富足的人生。

知名心理咨询师、畅销书作家　肖雪萍

推荐序 2

新女性的幸福宣言

有幸受邀为慧思的新书写序，一下子想起刚认识她的情景。

第一次见到慧思是在十年前。当时，我受某机构邀请，为即将参加心理咨询师考试的同学进行一天的培训。在几十个学员里，她是最抢眼的那一个——时至今日，我依然可以清晰地回忆起当时的情景：她坐在第一排，在我的右前方，高高的马尾，会说话的大眼睛，黑色的紧身上衣，还有飞速地记笔记的手，阳光从窗子里洒落下来，与她的精致、热情、灵动融为一体，培训教室也依此为界，一边是沉寂的黑夜，一边是生机勃勃的春日。

培训结束，我们建立了联系，一起讨论心理学话题，也受邀去她主持的心理节目做客。每次节目结束后，我俩都会进入深聊模式：谈个体女性成长，也谈社会女权现象；谈伤痛的转化，也谈创造的达成；谈心理咨询如何服务别人，也谈如何成长自己。在一次次深度沟通中，我们彼此完成了从合作到朋友的转变，我也由此看到了那抹春日的风光演绎成千般姿态、万种风情，看到了一个集理性与感性、智慧与美貌、纤瘦与力量、果敢与慈悲于一体的新时代女性的力量和榜样，看到了女人生而为女人的灼灼其华。

慧思首要的魅力来自于她的真实。正如大家即将在书里看到的，慧思没有立所谓的人设，也没有被自己主持人的身份所禁锢，她就是那么真实地把自己呈现给大家：关于友情、关于爱情、关于亲情、关于生活、关于年龄。无论是求学时的执着与倔强，友情交往中的睿智与真诚，还是面对伤害、离别时的伤痛与坦荡，她都那么直白地展现在你的面前，不矫饰、不掩盖、不躲藏。透过文字，你可以看到她的哭、她的笑、她的热爱、她的遗憾；透过文字，你能触摸到一个人内心最柔软处的真实，与她进行一场心灵的对话。

慧思的魅力还来于自她的勇敢。在近 10 年的交往中，我们彼此深切感受到了对方心理的成长。心理成长是十分艰苦的过程，它需要我们深入到过往，勇敢去面对那些不愿面对、不敢面对的曾经，甚至要揭开早已长好的伤疤，将其重新转化伤痛。在这方面，慧思"对自己够狠"，我常常笑称她是生活的勇士，也常常心疼地对她说：慢一点儿，再慢一点儿。但是，她从来都是勇往直前，也正是这份勇敢，让她敢于面对生活另一面的惨淡与不快，从而有机会将这些转化为自己的资源，生命也因此而更加饱满、丰富。

创造和无限的可能性，是慧思的第三大魅力。在慧思所演绎的生命故事里，没有限制，只有突破；没有被定义，只有不断地创造。在本书里，你会看到她身兼主持人、舞动治疗推广者，集阳光女孩、智慧女性等多种角色于一身，把生命演绎得如此多彩而智慧。

本书是慧思个人对生活的感悟，是一个智慧女性对生命的反思，是一个现代女性成长的阶段小结。着眼于更广阔的视角，唯有女性真正幸福了，我们的社会大家庭才会更加幸福。所以，本书不仅仅是个人生活的感悟，同时也探索了女性走向幸福的路径：摆脱束缚、直面内心，磨炼自己的智慧。正如作者的名字：生而聪慧、敏思好学。

愿慧思继续创造无限的可能，愿所有的女性独立、幸福！

资深心理咨询师、艺术疗愈师联盟发起人　唐利利

推荐序 3

相遇，是一件人生幸事

认识慧思有六七年时间了，那时我作为嘉宾常常去台里参加法律节目直播，慧思负责晚间心理节目主持工作。偶然有一天，她得知我同时还是一名心理咨询师，便邀请我去她的节目做客。

那是一个愉快的晚上，具体节目内容已经记不清了，但专注工作的慧思给我留下了深深的印象。节目中，她娴熟地控场、引导，完全不需要看事先准备好的资料。对于节目中涉及的话题，她总能以极快的速度捕捉到话题的核心点，从心理学层面进行细腻而敏锐的分析。我惊讶于她对心理学专业知识的熟知，犹如从业十多年的心理咨询师，更吃惊于她如此小的年龄就有着对世事的洞察能力。

那期节目我本来是去做心理嘉宾的，但我分明感受到了我的心灵被慧思温柔地抚慰了。那种深深的被理解和被懂得后的放松感受，即使时过境迁，依然记忆犹新。她对心理学有天生的悟性，每晚的心理节目因为有她的主持，而多了很多温情人性的东西。

记得有一年我们律所要发起一个关于未成年人权益的研讨会，慧思得知后，当即表态，愿为社会公益事业尽自己的一份力量。会议当天，慧思提前一个多小时到场，还带了一大箱会议主持用的正装礼服。之后就是一字一句核对与会专家的相关议题，整理她自己的主持手卡。她对待工作一丝不苟的专业认真精神，再次刷新了我的认知。那天台上的慧思光芒四射！主持中她每每能切中话题核心，对艰深晦涩的法学内容并不陌生，在她的主持下，专家观点表达充分，议题讨论激烈深刻，能把一场专业学术研讨会办得热烈而卓有成效，慧思功不可没。其实，研讨会涉及的内容，并不是慧思熟悉的领域，可见她在研讨会之前做了多少功课。坐在台下的我，为我的朋友慧思无比骄傲，我知道折服我的是她的勤奋和专业。

有一天，翻看短视频时，忽然刷到了一个熟悉的身影。音乐中的节拍随着她的舞动仿佛淋漓尽致地诉说着某种情感。我仿佛不是在看一个人跳舞，而是在看一个故事。那是我第一次看到慧思跳舞。这个小姑娘有故事，也有激情。后来在这本书里，我看到了慧思讲述自己对于舞蹈的情结，又多了一份对她的了解。

从事婚姻家事领域的法律服务近二十年，我对相关社会热点、话题现象格外关注，尤其喜欢与有独到观点的朋友交流。此后，我们的交往就多了起来。我很享受与她的私下交流，她说话简洁、凝练而又犀利，对很多事情都有自己独特的观点。常常给人豁然开朗的感觉！哦，原来还有这个角度，还可以这么理解。

今天，终于看到她把这些感悟、剖析、经验，都写成了文字，分享给大家。这真的是一件极好的事情。犹如大学时代，以为每首情歌都是为你而写。在慧思的书中,同样有诸多你似曾相识的场景,那些或共鸣或幡然的观点,蓦然相遇,满心的喜悦。

突然有种冲动,想找个下午约慧思聊聊,但更热切期待她的新书上架,强烈推荐这本书。

北京市律师协会婚姻家庭委员会副主任、婚姻家事知名律师　张荆

自序

　　一个冬日的下午,我刚刚结束一档节目的直播,慢悠悠地走进办公室,一位同事突然叫住了我,他想邀请我加入他所在的晚间节目组,主持一档情感访谈节目。他告诉我,参与这档节目可以学习到很多心理学知识,可以促进自我成长。那时的我还是一个二十多岁的年轻主持人,刚刚入台不久,虽然主持过多种类型的节目,但对于他所说的心理情感,还是一片茫然,我凭着直觉答应了。没想到,接下来的七年多时间,我的生活因为这档节目彻底发生了改变,一个新的世界就这样不经意地向我敞开了大门。

　　刚刚接触心理学时,有一种豁然开朗之感,它为我打开了新的视角,从此多了一个维度看世界,也直接影响了我接下来的所有人生选择。我的节目内容并不复杂,每晚邀请一位心理医生或心理咨询师解答听众们的情感问题。需要说明的是,这并不是你们脑海中马上闪现出的"深夜电台",也不同于一些情感节目的简单评论和支招,这是一档专业的心理节目，所有内容都要建立在科学知识基础之上。而我本人也成为这档节目最大的受益者，随着"量"的积累，渐渐发生了"质"的变化。最开始我只是一个简单的发问者和传声筒，但渐渐地我有了自己的观点和判断，生长出了心理工作者的"职业敏感"，拥有了与心理嘉宾深度对话的能力。我清晰地感受到，每一年我的主持风格都在发生着微妙的变化，而一切变化的背后是我坚持不懈的学习和成长，以及更加深刻的自我体验与人生思索。

几年时间里，节目中的我不断成熟，节目外的我经历着前所未有的情感挑战。爱情的重大变故，亲情的陷害背叛，友情的来来往往……这一切让我对人性有了更深入的思考，不得不重新审视自己、审视我所生活的世界。幸运的是，此时的我已经是一名心理节目主持人，在我人生的情感低谷，在那些孤独的漫长黑夜，有心理学书籍做伴，有心理学领域的朋友支持，我渐渐成长为一个更加强大的自己，经历了一次又一次破茧成蝶般的蜕变。当走过这一程回头来看时，我忽然意识到，最应该感谢的是自己。因为只有我们自己，才是这多彩的一生最坚实的伙伴。而这些成长的背后永远离不开一个人生议题——独立。这也是我再三斟酌，最终选择以"独立"为核心，从不同角度与读者们展开讨论的初衷。

对于独立，我想每个人都有自己不同的理解和判断。抛开"独立"的相关心理学理论暂且不提，单从个人感受层面来看，其中的重要性也不言而喻。在我看来，独立是一个动态的过程，它贯穿于每个人的一生。它不以某一天为界限，也不以某件事为标识。它默默地改变着一个人，让我们成为更加完整的自己，只有自己"完整"了，才能更好地爱自己、爱他人、爱世界。独立是获得幸福的必经之路，它可以让我们所追求的幸福更加稳固，更加持久，它是我们一生修炼的目标。

当然，本书并不是我个人的"独立宣言"，它是我用爱写给"三十"岁女性的一份礼物。在我一路前行的路途中，我看到无数三十岁左右的女性正在面临与我相似的境遇，存在过与我相似的困惑，但无论社会环境如何变化，她们都在用一颗无畏的心，向着幸福努力。这种女性的坚韧、果敢与勇气让我深深感动。因此，我希望以文字的方式与大家展开一次特殊的交流，分享我的故事，我身边的故事，那些你似曾相识的故事。也许，在故事中，你会找到自己的影子。

由于专业能力和个人阅历所限，本书并不是"纯粹"的心理情感书籍，不足之处请多多包涵。希望以我最真诚的态度，陪伴你人生中的某一刻，用淡淡的文字，给你一份温暖的力量。如果此时你正在打开它，是我的一份荣幸。

愿我们一起成长，成为更好的自己。

林慧思

2021.10

目录

第一章
女人三十，不慌

年轻是一种态度，女人三十不慌　　2
写在35岁生日前　　7
不辜负时间，做自己的舵手　　11
关于美，女人决不服输　　15
女人爱自己，从尊重自我价值开始　　20

第二章
爱与被爱，一生的功课

处理好"遗物"，才能腾空自己　　26
没有爱的感情，不值得挽留　　31
不幸福的婚姻，要早点离开　　36
离婚不是污点，是人生的一次蜕变　　41

让你不焦虑的男人，就是好男人 46
年龄不是唯一标准，爱要勇敢尝试 51
为什么你的身边总是渣男 57
找个"妈宝男"，和他一家谈恋爱 64

第三章
超越原生家庭，你与幸福一步之遥

独立成长，先从离开父母家开始 70
孝顺不是顺从，人生需要自己负责 76
超越原生家庭，你与幸福一步之遥 81
那些隐藏在你身上的原生家庭印记 88
有边界才有独立，家人之间也需要界限 93
儿子不是男朋友，母亲更需要情感独立 98
女儿不是"情感垃圾桶"，别让她背负你的一生 105

第四章
来来往往，都是最美的遇见

我和张先生的 17 年 112
跳出圈子看世界 117
远离你身边的"危险朋友" 121

那些"对"的人总会来到你身边 127

第五章
追随内心，世界因你而精彩

童年的自由，一生的财富 132

他乡变故乡，心安是归处 137

不是你不好，是你需要更大的世界 142

如果看不清未来，请着眼当下 149

执着的爱好，女人一生的伙伴 155

什么是毁掉你的"时间杀手" 159

日子不是光鲜的外衣，学会为自己而活 164

第六章
学会疗伤，才能独立前行

学会独处，才能更好地安放自己 172

不过问隐私，是一种修养 177

越亲近你的人，伤害你越深 182

伤害过后，你要笑着上路 187

快与慢，学会切换你的人生节奏 193

第一章
女人三十，不慌

年轻是一种态度，女人三十不慌

这个社会带给女性的年龄焦虑从未停止。

不知不觉中，我们离开了校园，踏进了社会，晃晃悠悠到了30岁的门槛，跌跌撞撞正奔向40岁。女人对于年龄的数字好像格外敏感，不用旁人提醒，自己都会不自觉在心里盘算。在看到一件漂亮衣服的时候，在办公室里新来的实习生走过的时候，在脸上的皱纹开始清晰的时候……于是，心里有了恐惧。渐渐地，我们告诉自己有些事情不能做了，或者不应该做，大到换一个行业、离开一段婚姻、重新求学……小到今天穿什么，几点躺下睡觉……

从来没有人要求我们必须怎样，但更多人却在约定俗成的大环境里，活成了那个年龄该有的样子。细细回忆，年龄焦虑似乎从25岁以后就开始了。记得我二十多岁的时候，总觉得自己"年龄大了"，很多事情不能再做了，自己是一个成熟的"大人"，要结婚生子，要拼搏事业，要过成年人"标配"的日子。我相信，很多女性有着与我相似的焦虑，这种焦虑不仅仅来自世俗的评价、环境的压力，也深深来自我们的内心。那是一种对青春逝去的恐惧，一种对未知未来的茫然。

当我看到身边很多三十岁左右的女性，每周频繁地去相亲见面，我能理解她们内心的急切，甚至能够体会那急切中的一丝无奈。一个好姐妹告诉我，她在咖啡厅20多分钟就匆匆"逃离"了现场。原来这几年父母催婚的声音越来越紧，父母想不明白，自己漂亮又优秀的女儿，觅得一个如意郎君怎么就这么难？虽然父母身在外地，却发挥了遥控指挥的本领，努力发挥"本地资源"优势，人传人搜索和女儿同在一个城市工作的"老乡"。于是，就有了一场又一场的相亲见面。两个人坐在咖啡厅，像播读简历一样，介绍完自己的大概情况，其中的内容不用多说也猜得到，一脸尴尬过后，总算完成了双方父母的任务，大概是连朋友都不想多做一分钟，实在不对眼，到了吃饭的时间也要各回各家。还有一个姐姐，年近四十岁，久经"相亲沙场"，但越来越心灰意冷，她告诉我每周见的男性越来越"歪瓜裂枣"。见面的人从未婚男青年到离异男士，最后到单亲爸爸。她只想快点结婚生个孩子，但是却太难找到一个合适的"爹"。

我们不知道，一个人大概要见多少人才能幸运地遇到合适的结婚对象，这其中运气一定多过努力。多少姐妹一面忍着"挑白菜"一样的内心煎熬，一面还要给自己加油打气，想放弃又不能放弃这条路。一个女性朋友告诉我，她不能对任何相亲对象产生太多感情，因为两人相处之初，都在观望和试探，甚至对方还在"骑驴找马"，这样一旦发现不合适，快速分开掉头，才能不损失更多的时间和精力成本，她说"没有感情"就是对自己的最好保护。相亲是否在某些方面伤害了你？到底这种方式利大于弊还是弊大于利，我们无从判断，但这却是很多三十岁女性正在走也不得不走的一条路，对于很多女性而言，都是无奈之举。

很多人说女人过了三十，就不"值钱"了，据我观察，这种言论主要出自三十多岁的男性，且"直男癌"居多。女人值不值钱，不应该仅仅用年龄来衡量，这种狭隘的价值标准早就该被现代社会的发展所淘汰，但竟然却无意间在很多女性心中取得了认同。因为大部分女人总要找一个男人生活，甚至要依附于一个男人，所以，男性的价值观就显得格外重要。我记得一个女性朋友深夜打电话和我控诉，说莫名其妙地遇到了一个奇葩，最可气的是对方发了好几条微信长语音嘲讽她，当她正要骂回去的时候，对方已经把她删除了。据她描述，这个男性已经关注她半年有余，几次邀约，女性朋友都拒绝了。最后这次谈话，男性自尊心受挫，破口大骂："你都三十多岁了，你以为你是谁啊？难怪嫁不出去，都是不值钱的货了！"如果这位男性听得到，我也想怼回去："你这么小心眼儿的男人，难怪娶不到老婆！"值不值钱当然不应由男性定义，对于这种把女性"物化"的价值观，我十分不认同。虽然我们不能控制每个人的想法，但我们却可以保护我们自己，不被卷入这种偏见的漩涡。

除去婚恋的压力，职场焦虑也从未停止。三十多岁的女人，正处于事业的上升期。对于大部分女性来说，无论是否结婚生子，想要保持独立，都需要有一份自己的事业。很多人跨过了三十岁的门槛，再难跳出自己的舒适区，比如换一个城市，换一个行业，换一份工作。虽然眼下的工作有诸多不如意，但是真的去改变并不容易。这种状态我十分理解，一方面是固有职业的倦怠，另一方面是对前景变化的不确定。一个中年女性，如果想要有更多尝试，付出的代价、考虑的因素会更多，因为改变的成本会随着年龄增长成倍数增加。变，有风险；不变，心有不甘。但是，从我的观察来看，所有跨出这一步的女性，最后都获得了超出预期的成功。如果把年龄放到整个生命的维度来看，三十几岁甚至四十几岁还很年轻，如果不在自己可以选择的时候去利用这些机遇，那么到了没有选择的时候，会不会后悔呢？

其实，能做什么，想做什么，从来都不应该用年龄去衡量和定义，而是需要勇敢地面对自己，尊重自己的真实渴望。不畏惧改变，依旧对未知怀有一份好奇心，这就是"年轻"。真正的"不老"不在于"术"，更在于"心"。高超的美容科技可以让我们脸上的肌肤看上去平滑不少，坚持不懈的健身运动可以让我们的体态更加活力健康，但反观内心，回归于我们每天都要面对的大大小小的选择，那份心中饱满的勇敢和热情，才能让我们依旧鲜活。

都说青春短暂，但青春的开始和尽头在哪里，却没有人下得了定义。在很多人的生活里，青春似乎只剩下了哥们几个酒后片刻的共同怀念。什么是青春？是过去，是当下，还是未来？我想那不是年龄，而是一种生命的态度。衰老是必然的，但用怎样的心态去与衰老安然相处，是我们可以主动选择的。生命里没有"不老丸"，能在时光的流转里，越活越自由，就是不老。因为当你拥有了内心的自由，还有什么可畏惧，还有什么可在乎？

年龄数字，从来不是女性人生的分水岭。当你走过三十岁、三十五岁、四十岁……你会发现，它平常得就像你走过的每一年。有些数字之所以这么特殊，是因为你在心里给它打上了特殊的标签，似乎要在这一年，给自己留下点什么标记。但人生的路还很长，你需要更自信、更勇敢、更纯粹。当生日蜡烛吹灭的那一刻，你越来越清晰地了解自己，越来越清楚地看到世界，这难道不是一件令人兴奋的事情吗？

做想做的事，爱想爱的人，不畏惧时间，不畏惧世俗。拥有了心灵的自由，你就拥有了不老的身心。

写在35岁生日前

不知不觉，人生就要走到第三十五个年头了。有人说 30 岁是一道坎，35 岁又何尝不是呢？

35 岁，在部分城市，你竟然连刚需购房群体都不算了；35 岁，博士毕业的你已经不能在北京落户了；35 岁，很多单位招聘不再考虑录用你了；35 岁，你已经算是个高龄产妇了……

社会大环境对 35 岁以上的人似乎并不友好，很多 35 岁的人早已经被称作"中年"。反观身边不少 35 岁的中年人，上有老、下有小，有房贷又要养车，还要惦记着孩子的入学和老人的就医……当然，也有一部分像我一样的"单身贵族"，35 岁，没老公没孩子，但也不得不考虑未来的生育压力，心里盘算着下一步该怎么走。

35 岁的焦虑，如影随形。环顾四周，你感叹生活的艰难，在周末的狂欢后，不得不面对周一尔虞我诈的职场，思考着自己的未来。更多问题你还没有顾得上考虑清楚，又得继续连滚带爬地上路。生活有很多不如意，但是你却无能为力。不是没有努力过，而是努力过后，依然是那个死样。有宏图大展的事业心,却总是怀才不遇;有结婚生子的期待,却又遇人不淑。生活总在和你开玩笑,跌跌撞撞才是常态。爆炸性的网络信息并没有给你带来闲适的消遣,反而徒增了你的焦虑;朋友聚会短暂按摩了你的心灵,鞭策你继续一个人向前。如果今年你也恰好35岁,我问你对自己的生活满意吗,你又会怎样回答呢?

35岁对我而言,是猝不及防的。因为在内心深处,我依旧觉得自己是一个20多岁的少女。我对爱好依旧热血沸腾,我对事业依旧抱有期待,我对爱情依旧充满幻想……我熬夜和"90后"们打着"王者荣耀",挥汗如雨和"95后"们参加着街舞培训……我从未特意去证明自己还年轻,只是一切都随心而为。保持年轻的良药不仅仅有保养品与美容针,在我看来,好奇心、激情与梦想,才是支撑你永远充满活力的镇静剂。无论身边的人怎样看我,如何评价我,我都尽最大努力屏蔽所有声音,把注意力集中于自身。

作为一个35岁的女人,我更爱现在的自己。虽然拍照出镜的时候也会感慨自己脸上的胶原蛋白不如二十几岁,但是时光雕刻出的美却弥足珍贵。你所经历的,就是年龄送给你的最大财富,它们既不会被他人带走,也不会随时间流逝。感谢生命中的所有过往赋予我的智慧。所以,如果问我"对现在的生活满意吗?"我想答案是肯定的。相比于20多岁的青春时光,现在的我对自己更加确信,对未来更加笃定,那些曾经的期待或多或少已经实现,而下一步又充满未知,生活依然可期。

无论处在任何年龄阶段,我们都要面对不同的焦虑,可以说焦虑是如影随形的。但面对焦虑，每个人的处理态度却不同。更多的人是焦虑而不自知，无形中被焦虑控制了生活。我当然也会面临各种各样的焦虑，毕竟，我们的一生都在学习如何与自己的焦虑更好地相处。我们并不能打败焦虑、消除焦虑，就算某点焦虑不见了，其他方面的焦虑也会不请自来。那么，我们能做的就是如何在焦虑之下活得更好。而焦虑最直接的外在表现就是情绪。如何获得更好的情绪状态，适应当下的生活，我也尝试过各种各样的方法。比如，去更深入地发现自己、阅读各种各样的书籍、尝试新的爱好、扩大自己的社交圈、完善自己的知识体系……

每个人对待自己的焦虑，都会养成一套独特的应对方式。也许，有时候身边人不经意的一句话，会瞬间让你豁然开朗。我们都期待自己方方面面做得更好，但有时候"不完美"才是"完美"，少一点儿和自己"较劲"，多一份对自己的接纳，生活会轻松很多。如何判断一个人更加成熟了，我想，"包容"就是其中重要的衡量因素之一，成熟不是获得了哪些新技能，而是拥有了更加达观的心态，其中就包括如何面对待焦虑。

虽然到了 35 岁的年纪，但是我必须承认，某些方面我似乎没有达到同龄人的成熟。比如组建一个家庭，抚养一个孩子，过上人间烟火"接地气"的日子。但命运使然，不知不觉中，我成为现在的样子，拥有了当下的生活。曾经有人问："如果明天是世界末日，你有什么遗憾吗？"我仔细想了想，我确实毫无遗憾。因为过去的每一天，都是我最真心的选择。在人生的每一个阶段，我都做了自己最想做的事情。眼下的时光，不就是最美好的日子么！尽管在很多人眼中，我属于"异类"，但感谢这个时代，方方面面都更加多元。很多现实层面的问题，如果不能瞬间解决，那么，顺其自然也许是最好的应对方式，正所谓"尽人事听天命"。无论年龄的数字如何改变，我们能做的，就是把握好每一天，充分享受它。时间对我们有剥夺，也一定有赠予。

无论处在人生的哪个阶段，我相信你和我一样，也会有期待、有目标。就像35岁的我，依旧对自己有所要求。事业上，我希望有更多机遇发挥自己的价值，多做一些对社会发展有意义的事情；情感上，我对婚姻依旧抱有期待，希望凭借自己的努力，建立一个幸福美满的小家庭；学业上，我希望能够有更多收获，搭建更加完整的知识架构……但抛开所有的一切，我更希望35岁之后的自己，学会享受生活，学会珍惜当下，学会乐在其中。幸福是一种能力，幸福的衡量标准也是多方面的，让自己更充盈地感受幸福，才是我们追求的终极目标。无论社会大环境如何变化，我们能够调整和改变的只有自己。做自己的主人，就是人生的赢家。

此时此刻正在阅读的你，也许正值30岁左右的年纪，你是否也曾有过与我同样的感受呢？如果有缘遇见，也许我们可以好好聊上一阵子。是啊，这不就是生命带给我们的最好礼物吗，有思索、有体验、有感悟，我们都活成了独一无二的自己。

任何年纪我们都不能轻易定义自己，更不能让他人随意定义。所有过往皆为序章，带着前半生的智慧，开启更精彩的征程吧。

不辜负时间，做自己的舵手

媒体人的一大好处，在于你可以接触形形色色的人。早年间听说过这样一句话，"读万卷书，不如行万里路，行万里路，不如阅人无数。"而我的职业恰恰给了我这样的机会，做一个访谈节目主持人。大概有 3 年的时间，我们的节目就是每晚邀请一位嘉宾来到直播间，一个小时的时间里，聊聊他们的成长和故事。这其中有多位出色的企业家、学者和艺术家，也有创业者、基层干部、有为青年，还不乏普通的农民和外来务工者。跨度之大、人数之多，超出了我的预期。但正是这样一个特殊的谈话场，让我有幸聆听他们的心声，在一个小时的凝缩时间里，去品味每一个人的心路历程。

一件事情做得久了，便有了量的积累。在不同人物的访谈过程中，我也看到了很多共性的东西，带给我很多思考。有人好奇，来问我：作为一个访谈节目主持人，所谓的成功人士和"混得一般"的普通人究竟有什么区别？如果只让我用几个字回答，我给出的答案是"善于反思"。一个小时的时间，虽然不能充分了解一个人，但是在他们的成长故事和对生活的感悟里，你却足以对一个人有基本的判断。有些人，勤于思考，善于总结，谋划长远；有些人，大脑空空，每日得过且过，只在乎今昔的快乐。虽然着眼当下、享受当下并没有错，但一个人如果对自己的人生一点规划都没有，不总结过去，也不企划未来，可未必是好事。

我曾经采访过一批年轻的城市务工者。他们大多是从农村来到北京，从事餐饮、快递、美容、安保等工作。他们一个一个走进我的访谈节目中，讲述他们的故事，他们的人生。有一期节目差一点空播，我记得那是一个快餐公司的员工，她是一位少妇，和丈夫一起在北京打工，孩子留守老家。她性格不错，开朗和善，但是问她任何问题，她都只是笑笑，说不了几句。无论我怎么引导，她都"大脑空空"。后来我发现，她并不是紧张，而是真的没什么想法。她只求每天去上班，然后按月拿工资，这份工作不行了，就再换一个差不多的。人生就是顺理成章地嫁人、生子、打工。对于自己，对于家庭，对于事业，她从来都没有思考过，也没有什么要求，任我怎么"挖"也挖不出来什么。当然，作为一个主持人，我只能换一种方式，把这期节目"撑下来"，但最后的访谈效果比预期差了太多。正是这期节目，让我深刻意识到，同是来京务工者，个体差异很明显。

我曾经采访过一个"英语神厨"，具体名字就不提了，他的故事早年间被各大媒体争相报道。作为清华大学的一个普通食堂员工，他硬是靠自学考出了托福高分。他的勤奋也让我敬佩，除了休班时间，就连在食堂日常工作中的几分钟休息间隙，他都没有放过，一个人躲在角落里背单词。每晚睡觉前，他都会学英语听力，起初什么也听不懂，但是随着不断地学习，有一天晚上，他忽然发现自己什么都能听懂了。正是这种日复一日地努力，几年后，他考出了托福高分，分数高到超过了大部分清华学生。也正是因为这个高分，他有机会参与北京奥运会相关活动，随后找到一份与英语有关的工作，凭借自己的能力把妻子和孩子都接到了北京生活。职业改变了，人生也彻底改变了，而那些当年一起工作的工友，依然在食堂里切菜、闲聊、抱怨生活……

除去节目中的典型，身边这样的例子也比比皆是。记得有一次我去做美甲，旁边的一个小妹引起了我的注意。闲暇时，美甲店的姑娘们都在聊天、看电视或者刷手机，但是有一个姑娘却坐在角落里看书。我走过去，发现她在复习，上面还写满了密密麻麻的笔记。看到我发现她在看书，她不好意思地笑了笑，说自己在等顾客，无聊随便翻翻。之后我又去店里做指甲，一来二去，我们就熟了，渐渐知道了她的故事。她的老家在山东，家里还有个弟弟，弟弟比她学习成绩好，所以家里不支持她读书。父母都是农民，家里经济能力有限，高考失利后，她就来北京谋生了。家里不同意她复读，说她脑子不好，再复读也考不上本科。没上大学一直是她的遗憾，来到北京后，她四处打听，发现可以参加成人高考继续求学。于是，她报了个学习班，工作时间一有空就复习。她说她不想和其他姑娘一样，干几年就回老家了，要么嫁人，要么自己开个小店，一辈子就这样稀里糊涂地过下去。她想去看更大的世界，想去写字楼里上班，想和来店里的客人一样，穿着精致的衣服，谈吐有文化，她想靠学习改变自己的命运。不出所料，几个月后，当我再次去美甲店的时候，她已经不在那里工作了，我想她应该考上了自己理想的学校，或者换了一份更有成长性的工作，迈出了人生的重要一步。

　　同一份工作，同样每天 24 小时，但随着时间的积累，收获不同，成长不同，际遇也渐渐不同了。就算不去"考文凭"，依然可以混出个"模样"。我们外出就餐，你会发现有的服务员态度很好，工作很负责，但有些却是应付了事，心想"反正挣的钱也是老板的，与我何干，我只要拿到工资就好"。其实，这不仅是对于岗位欠缺责任心，也是对自己的不负责。付出同样的时间和劳动，如果我们能够有一份"做好"的心，对于务工者而言，是很容易脱颖而出的。也许短时间里差别并不明显，但是，这就是为什么几年下来，有的人成了领班经理，有的人混不下去回了老家。

　　在人生之路中，每个人都会遇到几个关键的节点。而这几个节点足以改变一生的走向。"不积跬步，无以至千里"！正是点滴的努力，助你踏上了更高的平台。时间是最公平的礼物，而把握时间就要靠我们自己。人生的智慧正是不断修炼得来，在不断地反思总结中，我们不断成长，更加清晰地了解自己，认识社会。

　　如何拥有真正的安全感？我想唯一的答案，就是让自己变得更加强大，相信自己可以有充分的能力，应对未来的人生。如何才能够更好地把握自己的人生？我想途径就在一点一滴的努力中。没有任何成功是一蹴而就的，你的付出终将转化为回报，不浪费光阴，才能做自己人生的"舵手"。

关于美，女人决不服输

听父母说，小时候我是家乡小城出了名的"小美女"，我的母亲抱着我出门买菜，经常会被误认为不是"亲妈"。我长得和妈妈一点也不像，和父亲相似度高一些，但也有限。很多人都说我是"优生优育"，形象上选择了父母的所有优点遗传。但是，关于"好看"的心理优势很快在青春期被打破了。上初中后，我就发展成了"小龅牙"，满脸青春痘，个子也不高，黑黑瘦瘦的。因为母亲是教师，所以，对我的穿着打扮管教很严。从来不允许我披散头发，每天都是标准的马尾辫。穿着上也不允许我"赶时髦"，怕精力过多用在打扮上，会影响学习成绩。记得上初中时，非常流行厚底"松糕鞋"配宽腿牛仔裤。班里的女生基本上是人手一双松糕鞋，可母亲一直都没给我买。更苛刻的是，母亲认为牛仔裤不应该是学生的着装，只有"坏学生"才穿牛仔裤，我一直到上了大学才穿上人生第一条牛仔裤。青春期的孩子对于美丑是格外敏感的，所以，那个时候我非常羡慕同学们的穿着打扮，但我只能保持朴素。在我的印象里，初中时候，我只有三条外裤加上一套校服，一年四季换着穿。所以，在中学时代，对于自己的形象我并没有那么自信，我一直觉得自己并不好看，这种心态一直延续到了大学毕业。

　　大学时代为什么觉得自己不好看呢？因为从大一开始我就戴上了正畸钢牙套，大家都叫我"钢牙妹"。这牙套一戴就是三年多，在大学同学们的印象中，都不记得我摘掉牙套后的样子。我的播音专业课老师也认为我的形象不够突出，更适合"做广播"，不适合做电视节目主持人。但是毕业之后，机缘巧合我做了一名视频节目主持人。我清晰地记得，一次录制节目的时候，坐在我旁边的嘉宾是时任天娱集团的艺人宣传总监，他看着监视器默默自言自语："我从来没见过这么上镜的姑娘。"然后突然扭过头对我说："你发现没有，你的脸太上镜了！"我告诉他，曾经我的专业老师已经断定我不适合做电视。他说那绝对是个人审美的差异。从艺人形象角度来讲，他可以给我非常坚定的回答："你的形象没问题，非常适合做这一行。"随着电视、视频节目录制越来越多，我在镜头里也逐渐找回了自己关于形象的自信。当再有人叫我"美女"的时候，我对这个称呼的感受不同了，不再认为那是一句"客套"。但转变这种心态，我却用了十几年的时间。

　　在我看来，每个女人都有不可替代的美。纵使有一万个人认为你不美，你自己也要发现自己的美。因为从事艺术工作，从报考播音专业开始，就总会听到打击我形象的声音。记得报考播音主持专业前夕，母亲的一位远方亲戚来家里做客，听说我要考这个专业，他直截了当对着所有人说："这孩子形象差了点，学这个专业不适合。"上大学之后也常常听到老师和同学们关于我"形象欠佳"的评价，工作中当然也少不了有人说我"不够美"。可我这个人恰恰就是越挫越勇，负面评价听多了，反而长出了"抵抗力"，这其中最关键的一点，就是对自己的认知，只要你心中对自己足够确信，那么，任何人的任何评价都不会对你产生太大影响。后来，在综艺节目中，我看到佟丽娅、陈数这样的顶级美女讲述自己的心酸历程，原来她们都曾经吃过形象的亏，在曾经的工作和面试中，导演批评她们长得不好看，形象是"硬伤"。后来，在万千观众心中，她们是女神一样的存在，随着时间的洗礼，证明她们的美是经得起推敲的。可见，关于美丑绝对是因人而异的主观评价，到底美不美，谁更美，需要时间来验证，你无须让任何人下定义。既然这样，你又怎么可以轻易地认为自己不美呢！

无论自己是否美丽，追求美都是我们一生的功课。"没有丑女人，只有懒女人"，这背后付出的是时间、精力和金钱。关于护肤、美容、健身这些都是最基本的养颜术，现在的网络媒体如此发达，只要你稍微用心一点，保证都会有所提高。比如，多关注几个经验丰富的美妆博主，或者关注几个时尚类的公众号，睡前翻一翻，日积月累，关于美容护肤保养的小秘籍就不再陌生了。

我也经常会看到很多姑娘抱怨自己是"手残党"，化妆造型都比较笨拙，这一点"勤能补拙"最有疗效。作为主持人，经常要出席一些活动或者参加一些拍摄，我也不是次次都能享受造型师的打理，化妆、做头发也时常要靠自己。久而久之，找到了比较适合自己的妆容和发型，也知道在不同的场合、不同的灯光下，如何进行搭配达到更好的效果。这是慢慢摸索、慢慢尝试的过程。记得十几年前，刚刚担任视频节目主持人的时候，我的化妆师为我尝试了很多发型，因为我的发量偏少又细软坍塌，还专门带着我去买了一顶假发，又买了一把专业美发剪刀，回来戴在我头上亲自修剪。化妆师是一个上海姑娘，她对化妆品的品牌、服装的质地都有严格要求，正是因为她的敬业，当年她为我设计的几款适合不同节目风格的发型一直沿用至今。虽然现在审美流行趋势在慢慢变化，但是万变不离其宗。其中最核心的就是你需要对自己的形象足够了解，这样才能找到最适合自己的搭配，而不会人云亦云，走太多弯路。

除了对自己的形象需要足够了解，我还想谈谈必要的品牌常识。化妆品、服装、鞋帽、包包、手表、首饰……为了赚取女人兜里的钱，琳琅满目的品牌从未停止过暗暗较劲。但我想说，掌握一些知名品牌的知识，对于女人而言是必要的。每个人的精力是有限的，你不可能对任何领域、任何品牌、任何系列都了如指掌，除非你是一名专业买手。那么，可以在你消费能力范围内，多看看适合自己的品牌和那些你比较钟爱的品牌。如果实在不会穿搭，最笨的方法就是多看看明星街拍，也会让你快速了解当季最流行的单品，为你找到一点搭配的灵感。除此之外，闺密们也是"臭美"信息最好的交流群体，看看你的闺密都在穿什么、用什么，多看多学多尝试，才能不断提高自己的审美品位。

我的本科时代是在一个内陆小城度过的，那里实在和"洋气"不搭边。大学四年里，我的时尚审美和都市体验都非常有限，甚至还存在一些偏差。从我个人的体会来讲，正是因为眼界的局限，来到北京后，感觉十来年都在"补课"。相比于那些在大城市读书的孩子们，我错过了大学四年的黄金学习期。当然，也不排除个人能力问题，毕竟我们看到，无论在任何地方，都会有站在时尚前端、品位不俗的姑娘。幸运的是，我周围总是不缺乏时尚美女。除了闺密，同事们也是我学习的宝藏。我经常会和女同事们请教，问问她们身上的衣服是什么品牌，看看她们是如何搭配的。如果感兴趣，回到家自己多翻看一下。这里特别强调的是，并不建议你盲目模仿或者跟风，虽然不一定要购买，但是掌握必备的品牌知识可以避免社交中的尴尬。通过对品牌的认知，你可以快速了解一个陌生人，掌握他最基本的经济能力、风格喜好、性格特点等，虽然这样的方式并不一定准确，但至少更容易找到共同话题，拉近彼此间的距离。另外，了解一些品牌文化和相关知识，也可以避免你在一些场合"穿错衣服"，让自己的印象分大打折扣。虽然不提倡"以貌取人"，但穿戴整齐也是对他人的一份尊重。

变得更美是每一个女人的必修课。良好的形象不仅可以给女性带来更多的机遇，同时也可以提升女性的自信心。说了这么多，关于美丽，我们既需要充分了解自己、发现自己、接纳自己，同时，也需要不断观察和学习，提高自己的审美品位。良好的形象是一个女人综合素质的体现，也彰显一个女人的生命活力和生活态度。另外，必须提及的是，女性的内在涵养更为重要。俗话说"腹有诗书气自华"，除了外在美，别忘了修炼好内在美，一个人的气质恰恰来源于此，智慧才能让一个女人持久闪光。对于美，别放弃，也别服输，无论别人怎么评价，你都要坚信自己是美丽的。

希望你也能做一位独一无二的美女。

女人爱自己，从尊重自我价值开始

几年前，我参加过一个小型女性沙龙，在场的每一个女人都打扮精致、穿着讲究，十分养眼。活动在一个服装高定品牌会所举办，几个商家联手策划推出，结合了护肤美容、服饰穿搭、珠宝欣赏等内容。展示区的服装可以随意试穿，现场还配有摄影师，方便大家试穿拍照。当然，这些衣服的价格也不低，有些单品甚至比国际一线奢侈品牌还贵。活动的主题是鼓励女性"对自己好一点"，倡导大家在美容服饰方面多多投资。现场不少来宾买了衣服、珠宝，还有些办了几万到几十万元的美容卡。记得当时我试穿了一条蓝色蕾丝连衣裙，那条裙子设计感十足，面料精美有质感，端庄合体，能够很好地展现我的身材优势，我穿着它在钢琴前拍了好几张照片。当时确实心动了，差一点就买下它，但冷静了几分钟，看看八千多的价签，还是把它放回了货架。落座后，旁边一个姐姐靠在我耳边说："你这么年轻，当然要对自己好一点，女人就要舍得给自己花钱，我看你穿那蓝裙子真好看，买下来吧，别到我这把岁数才学会爱自己。"我笑了笑，目光转到了这位姐姐身上。她看起来五十多岁的样子，从鞋子、包包到首饰、手表都价格不菲。脸上看得出做过不少医美项目,但却难以掩饰疲惫的眼神和衰老的肌肤。茶歇时,这位姐姐和我聊起来自己的故事。她是一位富太太,生活无忧,孩子们也长大离开家了。年轻的时候和老公白手起家,逐渐积累起了家业。为了照顾孩子和老人,她就渐渐隐退了,不再过问生意上的事情。负责"跑外"的老公,十几年前就很少回家了。关于她老公在外面的事情她没有多说,但其中内情也不难猜出。她哭过闹过,但都无济于事。起初她生活很节俭,每天都想着老人和孩子,兢兢业业照看这个家。后来自己想开了,老公的钱她不花别人也花了,就这样开始重金打扮自己,尝试换一种活法。但可惜的是,华丽的衣衫只能给她带来片刻的兴奋,她最渴望的丈夫的爱与温暖的家,始终没有回归到她的生命里。日子还要过下去,不如多哄自己开心。而她哄自己开心的方式无非就是花钱,不停地打扮自己,但是看得出,她并没有那么幸福。金钱和爱,有些时候是不能相互替代的。

　　那条蓝色连衣裙,我最终还是没有买下,作为一个金牛座,稍稍觉得有点不值。但这次活动却带给我不少思考。我们常常讲:"女人要爱自己",那么,什么才是真正地爱自己呢?在商家的宣传语中,"爱自己"被定义为舍得给自己花钱,买下自己心仪的物品。谁都知道这只是商家鼓励消费的一种煽动,但我们愿意迎合这样的寓意,享受用这种方式犒劳一下自己,为自己的消费欲望解围。但更深层次的爱自己,又何止"买买买"能够满足呢!不知道大家有没有这样的感受,随着年龄的增长,物品能够给我们带来的欢愉越来越短暂,越来越难以持久。就算我们心仪一件物品很久,最后终于买到手,但宠爱它的时间也极其有限，它迟早都会躺在你的柜子里，被你嫌弃或遗忘。如果单纯用这样的方式"爱自己"，我们需要不断延续这种物质上的刺激，用不断消费延续这种愉悦感，不断地变换消费兴趣领域，寻找更加强烈的幸福刺激。而它们，能给你带来多少幸福和满足呢？

正如前文中我提到的那次沙龙，那位美丽的太太虽然可以轻而易举地满足自己物质上的任何喜好，但是却无力给予自己渴望的幸福。虽然她对自己的婚姻状态并不满意，但是多年来，却一直没有找到突破口，也从未真正要求她的丈夫做些什么。虽然她的这股怒气并不一定指向她的丈夫或者孩子，但是，也许她未来的儿媳会成为发泄对象，或者其他人会因此遭殃，而她自己也是最大的受害者。怒火与怨恨不会因为我们的隐忍而消失不见，恰恰会悄无声息地不断发酵升温，其伤害正在最大限度地蚕食着你，它慢慢影响着你的心境，改变了你的性情。很多女性认为婚姻中情感的匮乏，另一半对你的忽视，是一种生活常态，是老夫老妻之间的信任。但这种常态并不能给你带来真正的"舒适"，反而是靠自我麻痹度日。

我曾经见过一个五十多岁的女性，丈夫对她十分厌烦，以在外跑生意为由长期居住在外地。而她总是偷偷搞"突然袭击"式的探望，美其名曰给丈夫"制造惊喜"，实则害怕丈夫"外面有人"。她其实并非希望真的能够抓到丈夫的"劣迹"，只是通过这种方式给丈夫警示和施压，但这种疑心和行为只会让她更加令人生厌。在交谈中我惊讶地发现，她竟然只把自己置身于一个"生育机器"的位置，认为女人的最大价值只是"传宗接代"。结婚后家中大小事，她事事讨好丈夫，为夫命是从。她从未意识到什么才是女性的真正价值，当然也不知道一个女人该为自己做点什么！她把自己的有限时间和生命白白地浪费在鸡毛蒜皮的家庭琐事中，试图用自己的"手段"控制家庭中的每一个人，以填补自己安全感的缺失。她爱自己吗？如果爱，一定是一份"错爱"。

爱自己，不是在物质世界里为自己赢得多少，而是在内心深处，关照真实的自我。女人爱自己，首先要学会接纳自己。每个人都会有缺陷，我们身上一定有自己不满意的地方，但是，却少有人能够做到全然地接受自己的不足，允许自己"不完美"的存在。我们可能曾会因为这些"不完美"而自卑、懊恼、遗憾，也会因为它们而忽略了自己真正的价值。少一点对自己的攻击，多一些对自己的接纳，会让我们更加和谐地与自己相处。只有与自己相处得更好，我们才能够与这个世界相处得更好。所以，爱自己，从多一份对自己的"允许"开始。

其次，爱自己要学会尊重自己。现实生活中，我们常常会被很多欲望而迷惑了双眼，为了达到某些目标而奋不顾身，虽然有很多事情都不是真心情愿去做，但是为了获取某些东西，一次又一次逼自己向前。太多时候，在现实面前，我们习惯性地委屈了那个弱小的自我。你的心，是最精妙的仪器，它配合着你的运转，也会偶尔爆发它的脾气。任何委曲求全的交换，在时间的长河中，终有一日会让你看到不值得，正所谓有得必有失。

再次，爱自己要看重自我价值。你过得究竟好不好，只有你自己知道，别人却未必真的关心。但是，日子不是演给别人看的，日子是过给自己的。努力让自己获得幸福，就是对自己的负责。女人的幸福更多时候未必是物质生活能够满足的，任何人都会有情感需要，精神上的愉悦，才能够真正让一个人持久地快乐。关系中的情感呵护是必不可少的，如果在一段关系中，女人一直处于"情感匮乏"的状态，还不断地纠缠、讨好、算计，势必就是一种消耗。这不是为自己而活，是一直在为他人而活。所以，当一段关系不能够滋养你的时候，离开获得新生才是对自己负责，什么时候都不晚。一个女性价值的体现，不仅仅局限于家庭角色，广阔的社会舞台同样可以让女性伸展拳脚。如何定义自己的价值，我想是每一个女性需要好好思考的一个问题。

什么是对自己好一点？我想前提是需要将自己作为一个独立的个体来看待。爱自己是对真实自我的接纳和认可，是对自我足够的包容和了解，是做自己最好的"伙伴"。这份爱不来自他人，只来源于你的内心深处。它不易受到任何外在因素影响，是你最持久、最稳定的支撑。真正地爱自己，可以让你更有力量，更加笃定，让你对未来更有信心。希望我们都能做一个懂得更好爱自己的女人。

第二章
爱与被爱,一生的功课

处理好"遗物",才能腾空自己

我所说的"遗物",并不是真正意义上的遗物,不是指那些逝去的人留下的物品,而是与那些让我们不愉快的前任、朋友甚至是亲人有关的物品。

仔细观察一下自己,看看你是一个买东西更难的人,还是一个扔东西更难的人?这两件事,到底哪一项消耗了你更多的能量和精力?

有些人属于买东西很难的人。这里所说的"难",不是吝啬,而是指要掏钱买一样东西,需要货比三家很久、查攻略很久、讨价还价很久……当然,如果你享受过程中的这份快乐,也是一件好事。但是,很多时候,我们是在和自己较劲儿,唯恐多花一分冤枉钱,在纠结中浪费了很多时间。反过来想,用这些时间和精力,也许你可以做更多有意义的事情,买与不买,真的没有那么重要。

但有些人是属于"扔东西"很难的人。主要原因只有一个:舍不得。前几年,一位日本作者的著作《断舍离》火了,关于"断舍离"的话题,至今还有人经常拿出来议论。我相信很多人也经历了自己的"断舍离",比如扔掉多年没有穿的衣服,抛弃那些橱柜里落尘的物件。

达达是我的一位朋友,她是我见过最能留东西的女孩。第一次去她家,我都被惊呆了。50平方米的房间被挤得满满的。按常理说,50多平方米的一室一厅,一个女孩子住,应该绰绰有余,但是她的家却显得那么拥挤。从上到下,被凌乱的各种杂物堆砌着,衣柜和鞋柜就像合不上嘴的怪兽,勉强吞下呼之欲出的衣物。你不敢走太快,生怕一不小心就碰到或踩到什么,配上那昏暗的灯光,整个房间充满着一种压抑感。达达自嘲说,这是一种拥挤美,但我却没有任何美的感受。虽然女孩子都喜欢买买买,但喜欢买,不代表不能扔。达达给我展示她的各种东西,也分享了很多她的故事。最重要的是,把我叫到家里,是为了聊聊她的感情。

达达这几年的感情之路并不顺利,换了几任男友,因为各种原因都没有得到她理想的结果,但是她却依然努力着。她和我说,她是一个念旧的人,如果经历一段感情,就很难从这段感情中走出来,然后被伤得很深。多聊了几句后我发现,其实对她影响最深的,就是她的初恋,因为相处了6年多时间,是最长的一段恋爱,所以,之后的每一段感情都带着这段初恋的"阴影"。她总是不自觉地拿现任和前任比较,联想到之前相似的愉快或不快的画面。她自己都不明白,为什么后几段恋情都不那么顺利,尽管她那么迫切地想忘掉过去。一边聊着感情,我一边打量着她屋里的东西。看到感兴趣的,我就会问她,每一件物品她都可以和我津津乐道很久,说出背后的一段故事。忽然间,我发现,她留着与"前任"有关的那么多东西,香水、首饰、包包、书、毛绒玩具……有些是前任送的，有些是一起买的，总之，这些东西都和前任有关。我的第一个建议，就是把这些东西从她的生活中清理出去，如果觉得扔掉浪费，可以送给需要的人，或者在二手平台卖掉。

物品也是有记忆的。这并不是说物件有什么生命，而是因为物件承载了我们的记忆和情绪。"睹物思人"这个道理，我们都懂。我们之所以很难扔掉一些东西，那些在你生活里已经无用的东西，就是因为被某些情感牵绊着，而这种牵绊可能对你是一种消耗。如果一件物品能够给你带来积极的影响，比如快乐，那留着它也是好的。但如果一件物品不能够给你带来积极的影响，留着它又有何用？当然，你也许会说，不是啊，前任的"遗物"给我带来的都是美好的回忆，让我体会到他当时那么爱我。那我反问你："他现在还爱你吗？你当时的快乐还在吗？回忆这份快乐，是不是能够让你认为你自己没有那么糟糕？你曾经的感情没有什么遗憾？"就像达达一样，走不出一段情感阴影的原因，就是被这些"遗物"拽着，它们每天都在你的眼前，提醒你曾经发生了什么。如果你能坦然地面对一瓶香水，看到它与其他香水没有什么不同，它不能扰起你内心的任何涟漪，那你大可以留下使用，如果你做不到，就丢弃它吧。当你能够做到扔掉它们的时候，就证明你拥有了真正与过去分离的勇气。那一刻，就是你与过去说"再见"的重要时刻，因为你不再需要用它们与过去产生链接，也不需要通过看到它们，重温那份复杂的情绪体验。如果你现在还做不到，也不要逼自己，大可让它们在你的生活里再小住一段时间。清空你的房间，如同清空你的内心世界，你的精力、你的爱，都需要留给真正要住进来的那个人。不"舍"何来"得"。

当然，除了"前任"的作用，有些人难以淘汰东西，主要是由于原生家庭的影响，比如，扔东西总会让你有浪费的心理负担。"父母节俭一辈子，我也不能浪费一丝一毫。"有些朋友会感觉，很多东西填满自己的空间，会有一种安全感，抑或是曾经匮乏的补偿。这些我们暂且不深入讨论，此时我想给你们讲一个关于锅的故事。

我有一个电饭锅，是我从英国手提回来的，其中路途的辛苦可想而知。而且，它不是一口新锅，而是一个陌生人用过的旧锅。想到这，我都要被自己感动了，我是多么勤俭节约的好孩子，不远万里，坐了十几个小时飞机，把它提回来。原因是一个留学生自己回国了，把这口锅留给了一同出游的亲戚，亲戚不想浪费扔进垃圾桶，而自己又不需要，劝我带走它，而那时的我，就真的把它带回来了。它和我一起去了机场的免税店，一起坐了飞机和出租车，一起和我搬了好几次家。几年之后的一天，我决定把它送走。用它吃饭，我只会感到不舒服，因为曾经送给我锅的那位亲戚后来对我做了很多不好的事情，每次用这口锅煮饭我都会一肚子气，想到那个亲戚的种种恶毒行为。这口锅已经不能够给我带来任何好的感受，对于我来说，它已经变为一件"遗物"。我真诚地与它道别，感谢它曾经带给我的爱与美好，如今它应该继续给他人带去快乐，对于我来说，它确实就是一份"遗物"。我在二手平台上，以八分之一的价格转手给一个小姑娘，几乎等于免费赠送。这口锅依然很新，功能上没有任何问题，缘分让它找到了新主人，继续发挥它的价值。

生活中类似的"遗物"有很多，我们之所以脚步沉重，就是因为被这些东西所累。当我们还没有足够强大的时候，不能完全放下那些不快的过往的时候，让这些与之有关的物品离开我们的世界，是最好的选择。正所谓"眼不见心不烦"，少一点接触，是对自己的保护。而随着时间的推移，那些曾经的伤害也会渐渐真正地淡出我们的内心。

也许，说再见很难，因为背后需要的是强大的勇气，面对自己的勇气，面对他人的勇气，面对过去与未来的勇气，但我们必须轻装前行，腾空双手，去拥抱更多。

希望你扔掉"遗物"的一瞬间，能够与我一样，享受那份豁然开朗。

没有爱的感情，不值得挽留

分手对于很多人来说，要比相爱还难。我们习惯了一段感情，习惯了一个人，习惯了一种生活方式，很难走出舒适区。尽管那个区域可能并不舒适，但是，很多人宁愿凑合，也不想改变。因为离开，意味着未知。这种未知包含"更好"的可能，也包括"更坏"的可能。

随着年龄的增长，人似乎越来越"不经折腾"。以前想都没想去做的事情，开始觉得麻烦，感情方面，也是如此。那种海誓山盟、天崩地裂的热情，越来越难以被唤起，也不愿意再去经历青春时的撕心裂肺。分手以后要自我疗愈、重新整合、再次寻找……意味着要投入更多的心力和精力，以及最宝贵的时间。

尤其对于女人来说，青春好像格外短暂。身边总有人提醒你，你都多少多少了，你该去做什么什么了……这种来自社会大环境的焦虑传染，没有一个女性可以幸免。于是，很多女性着急找对象，着急结婚，着急生孩子。因为目标性强，一些自己的不良感受，被淡化了，直到各种问题像滚雪球一样越滚越大。你坚持不住了，才去寻求改变。

在这里，我可以"以身试法"说说自己的一段恋爱经历。很多女性都经历过着急结婚的心理状态，这种感受我完全可以理解，因为我也经历过。记得那一年，我 31 岁，刚刚结束上一段感情一年多时间。那个时候，因为自己主动离开了一段不理想的感情，满心欢喜地希望能够觅得良人，走进婚姻殿堂。我的第一段婚姻，严格意义上说完全像是谈恋爱，没有婚礼，也没有太多家庭交往，甚至连"改口"都没有，叫着叔叔阿姨就散伙了。个人感受和真正意义上的婚姻完全不同，两个人更像是恋爱分手，只是多了一张红纸，很快又多了一张，就是结婚证与离婚证。所以，从内心中，我并没有觉得自己真正"嫁过"。但我必须面对法定意义上的离婚这样一个无法改变的现实，以及承担周围舆论对我的评价和影响。离婚之后，我开始向往真正的人间烟火，幻想可以成立一个真正意义上的家庭，过上温暖的柴米油盐的日子。恰好，这个时候，出现了一个人，奔着结婚向我走来。噩梦般的一切，开始了。

没有爱的感情简直就是一场灾难。他到底爱我多少，我不知道，但是我很清楚我对他的感受：那不是爱，那只是感动。记得一天晚上，我刚刚下了节目，走出单位在门口正要打车，突然收到了一条信息："我们在一起试试好不好，我喜欢你很久了。"这是一个熟人发来的，我们认识有三四年了。我很吃惊，这个人"潜伏"在我身边很久了，但是对我"有意思"这事儿，我竟然毫无觉察。我想要么就是骗我的，要么就是藏得太深。随后一段时间，此人对我展开了狂轰乱炸式的猛烈追求，送花、送礼物、每天嘘寒问暖，如同变成另外一个人。因为当时一心想结婚，这个人的确看起来是适合结婚的类型。之前我们一直算聊得来的朋友，双方家庭也算是"知根知底"，都是知识分子家庭出身，有着共同的兴趣爱好。此人属于"憨厚老实"的类型，有漂亮的学历，接受过良好的教育，工作稳定，对我也是体贴照顾，还会做饭。是的，我确实很怕会做饭的男人，男人一做饭，我就容易"折服"。在他的"软磨硬泡"之下，我不久就答应了。

但是，两个人在一起后，一场灾难就开始了。每天都在吵架，我当时感觉几个月把我 30 多年的脾气都发完了，我从来没有和一个人这么频繁地吵架。吵架的内容涉及方方面面，先是发现生活习惯有着巨大的差距，其次是消费观、兴趣爱好、审美品位……"三观"完全不合。他开始对我的穿着打扮指指点点，他认为出门就不应该打扮，但对我而言，那只是正常的穿着。我对他的个人卫生忍无可忍，整个人邋遢、肮脏，穿着外出的衣服，可以回家直接躺到床上。吃完的外卖剩饭，几天都不收拾，家里就像是一个垃圾场。另外，对于情感需求也有着巨大的差距，他认为谈恋爱一周见一次面吃顿饭就可以了，各玩各的，平时彼此不用联系。休假的时候，他说不出去旅游，但后来被我发现他兜里的火车票，原来一个人出去玩了，理由是不允许我知道他平日的行程。更让人惊悚的是，有一天，我发现了他背包里有抑郁症药物。作为一个心理节目主持人，对心理疾病和原生家庭情况都格外敏感，正是因为了解我的职业特质，他刻意隐瞒了这些情况。在相处过程中，我猜想他童年可能有一些"不愉快"的经历，导致成年后的部分行为偏差，而他一直在粉饰自己的童年，对童年的不幸经历闭口不提，直到分开后，他才告诉我，童年有长期的被虐待经历，理由竟然是他认为这些经历没什么大不了。我想答案恰恰相反，因为他知道这段经历有多重要。关于他的抑郁症复发，我也渐渐发现了"不对劲"的苗头，作为"半个"心理工作者，我对抑郁症毫无偏见，甚至可以从各方面帮助他，但他却刻意隐瞒，偷偷吃药。更让我无法接受的是他的现实和功利，一天无意间闲聊，他说："我就知道你什么都有，你要什么也没有，我才不找你！""什么都有"，指的就是有房有车有稳定工作之类的物质条件。我听了很是震惊。这让我第一次深刻地感受到，男人比女人更现实。

在一系列的不愉快之后，我提出分开，因为两人实在不合适，但是他又开始死缠烂打，软磨硬泡，死活不分手。又过了一段时间，在见完面之后，开车回去的路上，我收到了一条信息：咱们分手吧。和当时收到那条表白微信一样，毫无征兆，就在十几分钟前，我们还很正常地吃饭交谈，而他却连当面说分手的勇气都没有，我知道，这句话他已经藏了很久，只是在煎熬着等待一个时机。我提出要当面谈谈把话说清楚，因为我憋了一肚子气，他却拒绝了，从此形同陌路。但我终于解脱了，对我来说，这真是一件好事。几个月以来，我一直在遭受他对我的人身攻击和精神 PUA，否定你、贬损你、批评你，进行各种精神折磨，评价你哪里都不好。他爱我？我对此深深怀疑，爱一个人就是这样折磨她吗？我想他并不爱我，只是觉得适合结婚。在发现我不是适合结婚的对象后，迅速分手，寻找下家。

这段糟糕的感情结束后，我开始反思，为什么自己会有这样一段经历。首先，很想对姐妹们说：感动不是爱。当一个男生疯狂地追你时，你是什么感受呢？如果你不喜欢这个人，当他持之以恒、锲而不舍地长时间追求你时，你是否会心软答应呢？被爱的感觉让人陶醉，但是不一定能改变你不爱他的事实。如果因为感动和一个人在一起，你是很难获得更丰富的爱的体验的。因为相爱，从来都是两个人的事。当你对一个人只有感动没有爱的时候，你无法包容他的任何缺点和问题，那些"可爱"的缺点，只能是无法忍受的劣迹。你无法欣赏他，优点完全被缺陷抹杀了，更谈不上崇拜。和一个自己不爱的人在一起，就算他再好，你也未必喜欢。虽然有"日久生情"的可能性，但这并不是百分之百能奏效。对于一段没有爱的感情，一定要早一点离开。对于这种毫无滋养只有损耗的感情，早点结束是对自己的保护。对于不好的感情、不好的人，一定要"断舍离"。不要为了所谓的"现实"而蒙蔽自己的真实感受，结婚是以幸福为目标，而不是以"合适"为目标。过日子不是形式，而是爱的状态。不要为了"不舒适"的舒适区一味妥协，不要惧怕改变和失去。

正是因为有了这段经历，我再也不想"为了结婚而结婚"，也不再着急焦虑了。有些时候，人为了一些现实的目的，急功近利反而会得不偿失。自己大好的青春年华，应该去和相爱的人在一起，愉快地享受人生，享受爱与被爱，为什么要糟蹋自己，和一个没有爱的人在一起呢？至于结婚，一定要建立在爱的基础上，人生短暂，何苦要和一个不爱的人相守一生？结婚只是爱的结果，而不是一种形式。没有爱的婚姻，缺乏生命力。

希望我的这段经历能够给你留下一点思考，也愿你身边的那个人，是你爱的，也是爱你的。

不幸福的婚姻，要早点离开

结婚难，离婚更难。

所有离过婚的人，大多都体会过离婚对一个人的消耗，那种折磨难以用言语形容。因为消耗的不仅仅是时间，更是心力。可能有人会反驳我说，离婚这件事，只要决定了就不难办到。但事实上，离婚并没有说的那么容易。

首先，从手续上来看，《民法典》的实施，冷静期就要在时间上拖你一把。离婚的麻烦在于，这是两个人的事。如果你想离婚，你需要对方的配合。如果对方死活不配合，你就要去起诉，又要一年半载的时间。就算协议离婚，冷静期至少要一个月，这一个月里，你只能祈祷对方不要变卦，否则第 29 天，他改变了主意，你还要"从头再等"。这其中的煎熬和随时会发生的变数，足以让一个人崩溃。当然，我所指的是大多数。能走到办理离婚手续的最后一步，也不是所有人都能做到的，因为很多人离婚的想法都只是个念头，很难上升为行动。直到最后实在拖不了了，或者自己实在忍受不了了，再去付诸行动。而这种拖，对自己而言，就是一种最大的消耗。

我身边有个男性朋友，离婚大概用了三五年。他是我同学的朋友，大家在一次聚会的时候认识，互相加了微信。认识的时候，我就知道他有孩子，也有老婆，但是他在朋友圈里却很少晒家庭、晒孩子。有一次过年期间，无意间发现我俩在同一个城市度假，我是陪家人一起，他竟然是一个人。我当时就觉得不对劲儿，哪有人大过年不回家，不陪老婆孩子，还在外面晃荡。

当时不熟，没好意思多问，但我猜到他的婚姻一定出现了问题。后来的几年，因为聚会原因，接触的次数多了，才慢慢知道，他已经和老婆孩子分居好几年了，难怪每个周末都外出度假，闲到无聊时，还要约我们喝茶聊天。我是很少打听他人隐私的，我觉得那是对他人的一种冒犯，不八卦、不追问是一种修养。所以，他不说，我也不问。这个朋友表现出来的是一副闲云野鹤般的潇洒，一个人衣食无忧、自由自在。但是我却从他越来越消瘦的外形和疲惫的双眼中看出，日子过得似乎没有那么舒心。后来他去了国外工作，我们少有联系。两年后，他突然要约我吃饭，说人在北京。再次看到他时，皮肤白里透亮，胖了不少，精神状态也好了很多，看起来是真自在、真开心。他告诉我几个月前他终于把婚离了。他一直采取的是逃避策略，从发现矛盾不可调和，他就选择了躲避。先是越来越晚回家，然后就是分居，最后离开这座城市。每次他的前妻找他谈离婚，他不是说工作太忙，就是过段时间再说，一次一次地拖，直到对方懒得找他。拖了几年的时间，自己终于想明白，结束了不能给他带来一点滋养的婚姻。我问他为什么一直这么拖着？是想和好吗？他说不是，没有和好的可能。我问是为了孩子？他说也不是，孩子和他感情一般。具体原因他自己也没说清。我想这需要他在离婚后好好想一想，问问自己。一个工作能力突出、事业有成、杀伐决断的人，竟然在情感上如此拖泥带水！但我知道，作为一个男人，很多话他不愿意说，我也不问。

除了男性，我身边更多的是"离不了婚"的女性。她们不幸福又不能离婚的原因五花八门。"孩子太小""离了太难再找了""我没有工作""凭什么便宜了他和别的女人"……这些话，你听起来一定不陌生，因为它们就充斥在我们的周围。很多女性对自己的婚姻充满了埋怨，在对方身上看不到一点希望，但还是骗自己日子还过得去，一天天地凑合。当然，叨叨这些埋怨的人，有的并不是真的想离婚，只是发泄一下自己的不满情绪，过几天老公给买件新衣服，又高高兴兴继续秀恩爱了。但是，有些人是真的想离婚，只是走不出那一步。

在我看来，没有离不了的婚，关键是看你想不想离。不能离的原因有很多种，但多数都是自己困住了自己。

再来说说我身边的一个女性朋友的故事。对于离婚，这位女性朋友是早早地萌生了念头。但是和我叨叨了一年多，还是没有和老公摊牌。她的顾虑各种各样，先是说父母不同意她离婚，还有很多朋友劝她："你这样太亏了，离婚了你什么都分不到，房子都是公婆的名字，你这不是白白浪费了几年青春吗？不如先换个房子，写上你的名字，再离也不迟。"还有这样的声音"生个孩子就好了，有了孩子，男人就成熟了"……正是因为听了周围太多的"好心相告"，她自己的想法被淹没在众声里，迟迟下不了决心。我没有办法简单劝她"不幸福，就散吧"，毕竟恋爱结婚五六年了，养条狗还有感情呢，何况是一个人，怎么会一点感情没有！但到底是爱情还是亲情，感情到底是深还是浅？婚姻到底要不要坚持？自己今后要过什么样的生活？只有自己才能想明白。婚姻比恋爱复杂很多，不能简单地用"爱不爱"来衡量，因为对于一个青年人来说，后面的路还太长。婚姻不是人生的全部，但是却可以影响你的一生。借用电视剧《北京女子图鉴》里的那句台词："没有非离不可的婚，也没有非要在一起的人。"

从个人观点来谈，我认为婚姻不幸福，要当断则断。垂死的婚姻并不能用时间来改变，当你发现另一个人不愿意为婚姻做出任何改变的时候，你再怎么努力也是无果。有些人认为，我不离婚，至少还可以花老公的钱，那么请问，这些钱，值得你用青春、用痛苦来换吗？如果说离婚不划算，是一笔损失，那么不离婚，损失更大。对于女人而言，我认为最珍贵的就是时间，因为有了时间和自由，你才可以去追求真正的快乐和自己的价值。也许离婚后，短时间内你会迷茫、会痛苦，但走过低谷后，你必将迎来新的生活。如果拖着不离婚，除了消耗自己，没有任何意义。

早一点结束不幸福的婚姻，你会拥有更多选择的机会。比如二十几岁离婚，还没有孩子，你可以轻易换一个城市，或者换一个行业，轻松重启自己的生活。当然，任何年纪离婚，无论有没有孩子，你都可以重启自己的人生，只要你有心力，什么时候都不算晚。但是，我看到很多女性，拖了大半辈子，明明很早就看到了婚姻的无望，却硬是一点点挨着苦养大孩子，等到孩子上了大学，自己也耗掉了半条命。最后婚虽然离了，但追求幸福的心气却没了，要用更多时间来修复离婚的创伤，甚至很难再走出来，留下的只有对前任的怨恨。女人是要为家庭打算，但也要为自己打算，婚姻里吃苦不怕，怕的是这个婚姻让你一点希望都看不到。

如果问题是无解的，自己也决意离开，那么，不如趁早。

离婚不是污点，是人生的一次蜕变

　　离婚，在很多人的观念中，不是什么光彩的好事情。在我了解的很多人的观念中，离婚是"丑事"，是"不幸"，是"人生挫折"，是很丢人的。离婚的女性，会收到不少负面评价，比如"离了婚的女人是二手货，没人愿意要""这女人婚姻失败，离婚了""这女的肯定不是什么好东西，要不怎么会离婚呢！"这些话听起来既刺耳又伤人，但很可惜，它们就这样活生生地存在，它们可能就出自你身边人的口中。有些人虽然有着良好的教育背景，有着体面的工作，看起来年轻时尚，但依旧抱有这样的观点。我也曾经纳闷，为什么时代在进步，经济在快速发展，很多人的思想观念却没有更加开放和多元。如果男性无意识地彰显自己的权威，把女人"物化"，这么贬损女人也就算了，而持有类似观点的人群里，有很大一部分是女性。有些人认为离婚这件事太丢人了，她们羞于启齿，生怕别人知道，生怕别人提起，生怕别人在意，把离婚作为人生中一个无法抹去的污点。

　　为什么这个污点这么难以抹去？我想正是因为你自己把离婚当成了一个实实在在的污点，既然经历了，又如何抹去呢？在我看来，离婚这件事，别人对你的态度很大程度取决于你自己：你很在意，别人就在意；你不那么在意，别人未必在意。过了三十岁，身边几个女性朋友陆陆续续离婚了。她们大多没有孩子，纯粹因为双方日子过不下去走到了尽头。但是，几个人对待离婚这件事情的态度却全然不同。有人觉得这是一件好事，也有人觉得这是一件丑事。我也是一位离婚女性，所以，对于离婚，我认为自己是有发言权的，毕竟我有不可替代的亲身体验。离婚那年，我刚好三十岁，巧的是三十岁特别像一道坎，身边的几个朋友，基本都是三十岁左右离的婚。我想一方面是双方都成熟了，更能够看清彼此对婚姻的需求；另一方面，日子过了几年，矛盾和问题也都显现了，解决不了，只能换人。记得我刚离婚的时候，从来都没有刻意隐瞒过，对于单位的同事们也是如此。一天晚上下了节目，我在单位门口打车，因为下雨，半天都打不到车。旁边和我一起打车的同事是隔壁频率的一个男主持人，确实算不上熟，也就是见面打个招呼。他问我："今晚天气不好，你老公怎么没来接你？"我想都没想，笑了笑说："啊，我离婚了，我现在没老公了。"一旁的同节目组同事赶紧拽了拽我的衣角，凑到我耳边小声提醒说："我都惊了，你说什么呢，离婚这种事，怎么能到处说呢！你可真行！"我很诧异地看着她问："怎么了？"她瞪了我一眼，使了个眼色，什么也没说。我知道她是好心，以我们的关系，我知道她是为了我好。但是对我而言，这件事情真的没有什么好隐瞒的，"纸包不住火"，大家早晚都会知道，何况也没什么好掩饰的！与其让同事们背后猜测议论，不如大大方方地承认，免去了彼此的尴尬。记得起初有几个同事好心关心我，但又不好意思开口直接问，一个劲儿地在那兜圈子，我看出了他们的顾虑，就大方地和他们谈起来，于是大家马上都放松了。没过多久，就再也没有人和我提起这件事了。随着时间的推移，大家都看淡了，有时候遇到一些话题，我自己还会拿出来自嘲，大家哈哈一笑了之。有一次，有位同事想给我介绍对象，问我是否介意离过婚的男士，我说我自己就是离异人士啊，她哈哈一笑，说自己竟然把我离过婚这事儿给忘了。时至今日，这件事情对我早已没有什么影响，在我的内心深处，掀不起一丝波澜。我一直认为，离婚这件事对我来说是一件好事，这是我自己的重要人生决定，是在我逐渐成熟、逐渐成长之后所做的一个清晰果断的决定。虽然其中也有伤痛，但这是我必须跨出的一步，是我对自己人生的负责，我为自己的勇敢点赞。能够有机会重新去选择更适合与自己同行一生的另一半，拥有更幸福的生活，难道不是一件好事么？至于他人的看法和评价，那只是身边的毛毛雨，打湿衣襟后，很快就干了，丝毫阻碍不了你的前行。

但也有不少女性，格外在意别人对自己的看法。我认识一个女性朋友，离婚后，和任何一个男人相亲、交往，都不告诉对方自己离过婚。如果我是她的"媒人"，多半可能要被气死，暂且不提对方男性是否在意离婚这件事，单单刻意隐瞒这种举动，就有失诚信，如果我是中间人，还要把我"装进去"，里外说不清。相亲没成姑且不提，但是和对方谈了几个月恋爱，还要继续隐瞒，我可就真有点看不下去了。她不提，并不是这件事在她心里不重要，而是太重要了，她生怕提了这件事，对方会对她印象不好，离她而去，或者"看不起"她，对她有什么不良影响。她总想着等感情稳定一些、再稳定一些……找个合适的机会再提，没准那时候男方就不在意了。如果我是她的男朋友，交往了一段时间之后，发现她一直刻意隐瞒这件事，我可能会更生气，还不如一开始就说出来。因为这样的欺骗行为直接让人联想到对方的人品问题，心想自己的女朋友原来一直在骗自己，除了离婚，是不是还有其他事情瞒着我呢？如果男方在意离婚这件事，早晚都会在意，如果他不在意，一开始就不会在意，早早摊牌，一开始就说明，反而彼此都不浪费时间，何苦整天提心吊胆地在一起！如果离婚这件事，你自己都觉得是一件坏事、丑事、不好的事，对方又会怎么看呢？遇到真心爱你的人，可能会安慰你，劝劝你；遇到内心没有那么成熟强大的男人，可能真要在心里觉得你"条件不好"了，吵架的时候还得骂你一句："就你这样的人，怪不得你离婚"。所以，无论是新的恋人还是你身边的同事朋友，大家对于你的这段经历，多半取决于你自己的态度。你能够坦然面对，任何人再出来"说事"都伤害不了你，反而该怼怼，该谈谈，提醒一句："这是我自己的事，与你何干！"

　　离婚带来的伤害是不可避免的，无论这种伤害涉及情感还是涉及金钱。但是，作为人生当中的重要转折点，我们只有积极看待，积极面对，才能够最大限度减少事件对自身的影响。这段经历，不会因为你自己的刻意隐瞒，而悄悄消失，就算别人不知道，你自己也很难遗忘，反而可能因为隐瞒给自己带来二次伤害。无论别人怎么看，自己先要坦然面对。我一直认为离婚会让一个人更成熟，正是因为多了一些人生经历，我们才会有更多的思考、总结，研究如何获得幸福。离婚对于男人和女人而言，都如同一次"破茧成蝶"般的蜕变，痛苦激发了你更多的智慧，让你不得不去面对问题。对于离婚这件事，我们首先要做到的是"自己不嫌弃"，虽然你的态度不一定能改变他人的观念，但至少可以防止你认同他人的观点，从而攻击自己。无论别人是否在意，我们先要做到自己不在意，从心底里接纳自己的这段经历。虽然没有人希望经历这份痛苦，但命运既然如此安排，我们就要利用这次机会，做更好的自己：更坚强、更勇敢、更通透。

让你不焦虑的男人，就是好男人

做情感节目的时候，总有听众或者身边的朋友问："你觉得什么样的男人才是好男人？"他们认为，你天天做心理情感节目，每晚都在直播间里解答大家的情感问题，你见过听过的多，一定能给出成熟的建议。其实我想说，男人没有绝对的好与坏，适合自己的就是好的。

然而，正是因为这个"适合"，耽误了很多人。每个人都在不断地成长变化中，这也导致在人生的不同阶段，你可能需要不同类型的男人。校园时代，你想要一个帅气体贴的男友，能够每天在宿舍楼下捧着热气腾腾的早点等你；初入职场后，你需要一个更有担当、更成熟的男人，这个男人最好能够对你迷惑的职业生涯，给出建设性意见；结婚生子时，你需要一个好爸爸，一个下班后不坐在马桶上刷手机、不夜夜打游戏，能够帮你一起照看孩子的男人；人到中年后，你希望这个男人有足够的经济实力，可以支撑起一个家，给予你多一些的精神抚慰和生活陪伴……所以，我们在变，我们也需要身边的男人有变化。仔细算算，你的要求，一个男人未必全都做得到。可很多年轻的女性，迫不及待通过婚姻这种形式，将一个男人固定在自己的生活里。于是，当这个男人不能够完全满足你的时候，不快与不适就随之而来了。有些人选择面对问题，有些人选择结束关系，也有人选择麻木凑合。所以，仅仅"合适"二字，就是很高的标准。

我身边就有这样一个鲜活的例子。小晴是一个从县城里拼命学习考到北京的姑娘，一路辛苦打拼，寒窗苦读十几年。能够考上北京的大学，在那所偏远的非重点高中，已经是凤毛麟角了，更何况毕业后她凭借自己的能力留在了北京工作。在家乡人的眼里，小晴是一个非常优秀的姑娘，懂事努力，爽快聪明。这种竞争留给她的自信与小地方出身的自卑，在她的心里和行为中矛盾共生着。她该如何在这所大城市扎根？如何面对高昂的房价和事业的起伏？然而，她是幸运的，遇到了一个追求她的男孩。这个男孩工作一般，收入不高，也并不优秀，但是在家人的帮助下，在北京早早买下了一套房子。小晴想，和他一起生活，至少不用担心房东每年加价的房租。男孩老实善良，也没有什么不良嗜好。这样，小晴在25岁的时候就选择了结婚嫁人。这个年纪在她老家的县城，已经算不小的年龄，但对于北京这样的大城市，25岁嫁人绝对算得上是"早婚"。房子有了，这样看来，是不是生活的焦虑减少了一大半，理应开启幸福人生了？

可惜，小晴的焦虑没有少，反而更多了。房子是地段不好的"老破小"，环境脏乱差，居住条件恶劣，就算两个人可以忍受，但是附近没有学校，有了孩子连幼儿园都上不了。如果换房，双方家庭和两个人都无力承担高额的房价和房贷。再来看看小晴那个老实的老公，每天就想着自己到处玩，对于家庭责任毫无觉知，在公司不求上进、得过且过，毫无职业理想和追求。除此之外，两个家庭大大小小的事情都等着小晴来解决，因为小晴自立能干，当然要能者多劳。就这样，小晴活活被逼成了女强人，家里家外天天跑，一方面要操心家里的"巨婴"老公；另一方面还要面对婆家的百般刁难，最委屈的是，自己还要在工作上多承担，为的就是多挣点钱，以后换个大点的房子。随着年龄一天天增长，小晴也不得不考虑生育的问题，但婆家和老公都坚决反对要孩子，原因只有一个，就是不想承担责任，怕麻烦。这也成为压倒小晴的最后一根稻草，她感觉未来毫无希望，最后，她选择离开这个家庭，结束这段疲惫的婚姻关系。

当初结婚的时候，大家都说小晴嫁了一个好人家，什么都挺好。小晴自己也认为，有了稳定的家庭，结束了一个人的漂泊，那种莫名的焦虑感会大大降低，毕竟无论事业如何，家庭可以挡风避雨。但事实并不是那样，在一个弱小的男人面前，她的焦虑感被放大了，甚至都还要承担对方的焦虑。男人职业发展的瓶颈、人际关系的不畅、未来家庭的负担……这些焦虑统统抛给她。也许有人说，小晴也可以什么都不管，过好自己就行了。但是，作为一个家庭组合，你的队友一直在拖你的后腿，难道你能真的"事不关己高高挂起"？毕竟，这个男人是要和你一起生活的人。但就算是台高转速的发动机，也带不起两辆卡车，总有熄火的时刻。显然，这个男人是不合适小晴的，在小晴眼里，他一定算不上个"好男人"，虽然没有什么大错，也不是什么坏人。

说到这里，我们不妨观察一下身边的女性朋友，你可以看看，在一段亲密关系里，她是更平和、更柔软，还是更焦虑、更狰狞了？一段滋养的亲密关系，会让一个女人更踏实，更有安全感，随之而来的外在表现是平和的、温柔的。因为这种安全感可以有效降低来自各方面的焦虑。焦虑得到有效缓解，整个人的状态就会不一样。每个人在生活中都会因为各种原因产生负面情绪，但良好的亲密关系可以缓冲两个人的不良情绪，减少来自外部世界的冲击。作为一个女性，能否获得另一半的情感理解与有效支持十分重要。但并不是所有男性都具备这种能力，这不但要求一个男性心理上足够成熟，也要求他在社会竞争中足够自信。如果一个男人本身就很自卑，是一个事业上的失败者，或者原生家庭问题很多，那么，他又如何给予另一半足够的力量呢！两个人在一起过日子，要面临各种各样的大事小事，如果这个男人不能够给予女人足够的安定感，没有能力解决或者协助解决出现的各种问题，那么，这个女性的焦虑感就会加重。当然，有些男人是有能力的，但就是不愿"给"。他们不愿意在家庭中投入太多时间和精力给予爱人呵护，这一点，对于女性而言，也是致命的打击。所以，"好男人"是选适合自己的，而不是看起来"适合的"。对于不同阶段"需求"会改变的问题，我的建议是，女孩子不要草草把自己嫁了，不是不同阶段换不同的男人，而是在你足够成熟的时候，选择一个适合与你长久过下去的人。

美国畅销书作家、心灵成长导师芭芭拉·安吉丽思在《爱是一切的答案》中写道："感情是最好的教室。在里面，你可以学会重要的人生功课。你所爱的人就是最好的老师。为什么呢？因为你所爱的人能深深地影响你。他们能触及你的心灵，深入探索、推动你，让你更有效地面对你的问题。"爱人的作用不可忽视，可见，选择一位能够理解你、支持你、呵护你的男人，是何等重要。

感情的最终目的，是让我们在爱的流动中成为更好的自己。所以，能够让你不焦虑的男人，才是好男人，无论贫富，无论美丑，和外在的条条框框没有直接关联。他情绪稳定，人格健全，宽容达观，愿意照顾你的感受，能够陪你一起面对未来生活的风风雨雨，能够给你提供爱的港湾。这样的男人，才是好男人。

年龄不是唯一标准，爱要勇敢尝试

关于姐弟恋这件事，大家怎么看呢？不知道为什么，这个社会对"大叔与萝莉"的搭配宽容度远远高于"姐弟恋"组合。比如，找个大七八岁的老公，很多人都觉得在可接受的范围内，合情合理，男人年纪大点儿，稳重成熟。但如果谁找了个小七八岁的男朋友，身边的议论声音会很多，家庭中的反对声音会很多，自己的压力也会随之加大，至于结婚，更是难上加难。不过可喜的是，越来越多的姐弟恋组合敢于大秀恩爱，年龄差距也从个位数飙到了两位数，说明这个社会对女性更加包容，能够尊重他人更加多元化的生活选择。

男人们对于"姐弟恋"的看法我没有深入研究过，不过总结身边女性对于"姐弟恋"的态度，大概可以分为几种。一种是"为你深深担忧"。听到某人找了个"小男友""小老公"，第一反应就是：这女人后半生完蛋了！人老珠黄时，人家男的"四十一枝花"，不踹你踹谁，给你外面养两个"小三"，你也没辙。第二种是"酸葡萄心态"。说男人本来就不成熟，岁数小的男人更不成熟，找个岁数小的男人，等于"养儿子"，操心太多还得倒搭钱。第三种是表示"非常羡慕"。

感慨自己的婚姻已经被日子磨没了激情，渴望能再轰轰烈烈恋爱一场，也能拥有个甜甜的"小奶狗"，向往高质量的恋情。

其实，我个人认为，这些看法和观点都不足以影响你，也并不完全可信。很多事情，只有经历了才懂，才有发言权。太多时候，我们看到一些现象，总会带着自己过往的经验或者主观臆断去评判，甚至会"瞎操心"。姐弟恋到底是什么感觉？首先我鼓励你试一试。人生太多时候，我们都给自己设置了一道内心的限制，"这不能做""那不适合我"，但我想问，关于爱情，你真的知道，什么样的人才适合你吗？关系都是在互动中形成的，每一个人都是独立的个体，人与人千差万别，年龄并不能代表全部。

为什么很多人不愿意尝试姐弟恋？来讲一个我身边的例子。啵啵小姐是我的一个朋友，算不上交心，但也经常见面，一起吃吃喝喝。啵啵小姐是一位"大龄剩女"，人长得漂亮，身材窈窕，在大公司有一份工作，还在郊区买下了一套小房子。虽然算不上是相亲圈里出挑的好条件，但至少也不差。几年下来，啵啵小姐一直没能觅得如意郎君，以至于自己对婚姻不再抱有什么期待。啵啵小姐既渴望浪漫激烈的爱情，又希望男人事业有成，她很喜欢优秀上进的男人。但是她想要的恋爱情调和男人奔事业的时间却发生了激烈冲突，大部分事业心强的男人，很难细致入微地照顾她的小情绪，何况她还对男人的身高、颜值有比较高的要求。在划掉一群"油腻大叔"后，能入眼的男人寥寥无几。最后，她倾慕的理想型，基本都是有主的"别人家的老公"。

身边有个小弟弟追求她好几年，我劝她尝试一下，没准她的情感需求小弟弟都能满足，可她却死死咬住"比她大几岁"的条件不放。她说："年龄小的男人没有安全感。"我继续追问："你指的安全感是什么？"她说："男人要养家啊，年纪小的男人，收入低也就算了，到底能不能混出来还不一定呢！风险太大。"接着她又说："我需要一个人，能够在精神上引导我。比如，我遇到了一些工作上的事情，或者遇到一些想不明白的事情，他能够解答指导，我以后怎么发展，他能够给我指明方向。我可不想整天教导小弟弟！"我问："你自己不是有工作吗？你不能赚钱吗？不能分担养家的任务吗？"她解释说："那倒是可以，但是我这种在企业上班的，以后年纪大点，工作变动，当然要指望我的男人了。"我说："年纪小的男人，就一定不成熟，非要你教导？比你小的男人，以后就一定靠不住？你找过弟弟谈恋爱吗？你试过吗？"她想了想，看着我，什么也说不出来。

仔细想想，她的要求也不过分，可能正是很多女孩心中的基本要求。那么，问题出在哪里？大概是她要男人满足她所有物质要求的同时，还要有很多的时间陪她，把主要精力和心思都花在她身上，像照顾小女生一样，对她爱得不得了。不得不说，她要的有点多。毕竟，她已经32岁了，按照她的标准，找一个35~40岁的男人去做25岁男人的事，有点难。大部分中年男人的激情和浪漫被忙碌的事业压得死死的，加之竞争的压力，无暇顾及太多。再加上之前几段伤痛的情感经历，有几个男人还敢放肆去爱呢？而那种单纯美好的爱，只有更加纯粹的男人才能给予。相比之下，这种需求更容易在20多岁的男生中找到，他们对爱情依然抱有向往，生活上也没有中年人的压力，他们可以多一点爱护，多一点浪漫，多一点纯粹给自己的小女友。

另外，再来说说刚才提到的"精神指引"。事业发展能够寻得导师，当然是一件好事，但你能够保证老公的建议就"绝对正确"吗？你能事事找他解决吗？能够保证他的建议就没有"私心"或者"局限"？说到"精神指引"更是可笑，为什么你的人生一定要男人来指引，做什么、怎么做，难道不应该自己决定吗？自己主动放弃了"为自己人生"做主的权利，还谈什么"独立发展"？小时候，自己的人生靠父母规划，好不容易成年了，又要找一个男人来为你规划！难道你不是在逃避自我成长么？

接着，再来说说"经济风险"。能够有个依靠固然是好事，但自己也要对自己的能力有所评估。那些没有任何经济能力的女人，你可以问问她们，在婚姻里踏实不踏实？如果足够相信自己，认为无论遇到任何变故，都能够有生存的本领，谋生的本事，那么，是不是选择男人的范围会宽一些？被动放弃与主动放弃挣钱养家可是两回事。如果我们足够自信，认为自己可以解决职场中的问题、生活中的意外，看好自己的发展，能够与爱人并肩同行，是不是会更有安全感？

很多人之所以对姐弟恋持有"刻板印象"，是因为忽略了最重要的因素——个体差异。不是所有比你岁数小的男人，一定就没你成熟；不是20几岁初入职场的男孩，就不能几年后事业飞黄腾达；不是所有的男人，都喜欢25岁的女生……当然，也不是年岁小的"鲜肉"，就一定浪漫单纯。年龄并不能代表一切，它的普遍指导意义，来自一部分人的观察和体验。一个男人适不适合你，取决于他的心理年龄，而并不取决于他的生理年龄。我们是和一个生动的人谈恋爱，不是和一个年岁数字恋爱。当两个人的心灵有交流，情感有契合，那么，谁会整天互相提醒，你比我大几岁呢？一个女人，丰富自己的头脑，保养好自己的容貌，保持好自己的身材，做一个"灵魂有香"的女人，还怕男人不爱你吗？就算年岁增长，你也永远拥有自己的"受众群体"，不缺乏爱慕你的对象。

很多人对于姐弟恋抱有偏见，是因为自己从未尝试过。对于自己并不真正了解的东西，我从不轻易评价，因为这种评价未必准确，只能暴露自己的局限和无知。在我看来，姐弟恋并没有什么不好，能够在有生之年，放肆地享受一份单纯美好的恋爱，难道不是幸运吗？女人有了爱的滋养，才能活色生香，这是多少金钱都换不来的。"小男人"能够满足你的情感体验，是很多"老男人"都给不了的。如果你对自己足够自信，那么，再遇到那个比你年纪小的男人时，我鼓励你勇敢地踏出那一步，大胆去爱。管他小 1 岁还是小 10 岁，甚至是 15 岁，只要相爱，就可以大胆地相处试一试，没准也会收获美满的爱情和婚姻。安全感不仅是男人给你的，更是自己给自己的。至于身边的声音，完全可以忽略。毕竟是你在谈恋爱，不是你的同事恋爱，不是你的朋友恋爱，不是你的亲人恋爱，更不是那些素昧平生的陌生人恋爱。

另外，并不是年龄大过你的男人，就一定会在情感生活中照顾你。相比之下，很多"大龄女友"都是被"小男友"无微不至地照顾。身边不少"姐弟恋"，都是男生每天做饭、打扫屋子、事业上也可以为对方出主意，甚至还可以帮对方搞定一些生意和人际关系中的棘手问题。两人在恋爱和婚姻中的关系，取决于两人形成的情感模式，也就是在情感生活中的"角色"，与年龄没有直接关系。男人需要有责任感、上进心，对女人有呵护，对未来有规划，好男人的标准不是年龄定义的。

男人的成长，确实需要时间的磨炼，但有一点你要清楚，"完美男人"从来都不存在。年龄不应该成为评价男性的唯一标准，年龄只是一个参考。更多地关注一个人的内在，充分地了解一个人，才是选择恋爱对象的关键。所以，无论男大女小，还是女小男大，都不应该成为考量的决定性因素。姐弟恋的确需要一颗强大的心。这种强大的内心力量，不仅是对女性的要求，也是对男性的要求。也许找一个比自己小很多的男性，你需要足够的勇气。那么，相比之下，你的男朋友需要更大的勇气。因为他同样要抵挡来自各方的压力，各方的评价，他所要面对的，并不比你少。对于你来说不容易，对于他来说，又谈何容易！所以，彼此更应该好好珍惜和守护这份爱，更加坚定地走下去。

最后，我想说，不为自己设限，你的生活可以更精彩。

为什么你的身边总是渣男

男人的"渣"有很多种,无论是哪种"渣",既然被叫作"渣男",就不是负责的好男人。网上流传着一句话:"你是什么样的人,就会吸引什么样的人。"不知道这种观点你们是否认同。但奇怪的是,很多姑娘本身并"不坏",都是条件不错的规规矩矩的姑娘,为什么还会吸引渣男呢?这些女孩并没有出入夜店、酒吧等场所,每天按部就班工作,闲暇时间无非就是健身、美容、旅行,周末和朋友们聚聚,生活简单。她们大多有良好的教育背景,生活精致有品位,也算得上是独立女性。那么,为什么她们总会落入渣男之手?有些姑娘甚至几段恋爱,连遇渣男!谁都不愿意经历感情的欺骗和创伤,如果遇人不淑,我们就需要思考原因。关于男人为什么"渣",我们暂且不去追究,在这里,想先从女性角度谈一谈。我身边有不少姑娘被"坑"过,我个人也未能幸免,当然也遇见过不好的男人,还好识别得早,及时止损。所以,对于"为什么你会遇到渣男"这个话题,我特意总结了几点,大家可以品一品,看看是不是有几分道理。

第一，情感需求过高。很多女性都是情感至上，在爱情中希望对方能够满足自己的浪漫需求，提供足够的情绪价值。很多"钢铁直男"自然就入不了眼了，那种来"大姨妈"只会让你喝热水的男生，确实过起日子来让你难受得有苦说不出。从小追求学业、毕业后追求事业的男性，往往恋爱经验有限，用在女人身上的心思有限，不足够"懂女人"，所以，在满足女朋友情感需求方面，并没有那么得心应手，或者过于中规中矩。当然，我这里指的是这类男性的绝大多数，是一个相对概念，不包括从小学习和恋爱两手抓，两手都抓得好的男人。相比之下，那些能够快速把握女性需求、能够给予女性足够浪漫、对女生的情绪变化及时回应的男性，优势立刻显现，毕竟两个人恋爱，每天在一起相处，心情愉悦是最重要的。我曾经遇到过一个学霸，上来就说想和你结婚，说自己是适合过日子的类型，会做饭会收拾屋子。但相处中每天聊天都话不投机，饭做得不好吃，屋子收拾得乱七八糟，没有什么健康的兴趣爱好，从不参加任何体育运动，还总习惯性贬低对方。我想他一定是对"适合过日子"这个概念有误解。男人不一定要会做饭，但起码每天在一起相处要舒心，心里不痛快，让你整天不快乐，谁愿意过这样的日子，一天都嫌多。

女人喜欢能够为自己提供情绪价值的男性。所谓的"渣男"往往因为恋爱经验比较丰富，或者天赋异禀，能够满足女生的期待，很容易在恋爱初期让女人增加好感。但有一点，你要清楚，眼前的这个男人是不是真的在和你恋爱？他是否想和你建立稳定的恋爱关系？可能他只是一种"习惯性条件反射"，无论是要"玩一玩"还是"撩一撩"，对于他来说都不是一件难事。他能够追上你，也能够很轻松搞定其他女性，他们从不愁"缺女人"。所以，恋爱经验过于丰富的男性，你一定要警惕。那些娴熟的约会技巧，很可能是从实践中练就的，是一个又一个女人教给他们的。很多看起来木讷的男生，起初并没有那么浪漫，但是相处时间长了，你会渐渐发现他的优点。一个男人到底是想和你短暂相处，还是想与你长期发展，时间久了不难看清楚，他的未来规划里有没有你？他的婚恋观又是什么样子？多一点时间去了解一个人，慢慢观察，没准会有很多意外惊喜。

女人渴望轰轰烈烈的爱情并没有错，追求高质量的情感生活也没有错，至少说明这样的女性敢爱敢恨，是真性情的好女子。只是在寻找的过程中，我们需要谨防盲目冲动，遇人多留一份防备之心，以免自己在"烂尾"的感情中反复受伤。我一向支持爱情中要全情投入，因为只有你投入了，才能够在一段感情中获得更深的情感体验，如果恋爱只是走个形式和过场，你又怎能好好享受这份情感呢？既然爱了就不要怕，只是别忘了多考察一下对方。

第二，功利心太强。在很多人心中，爱情与婚姻只是谋求更好生活的途径。所以，情感中的得与失，变得格外重要。"得与失"更多指的是物质层面，而非情感层面。所以，在找对象的时候，最看重的就是对方的物质条件，而不是相处的感觉。我认识一个男生，多年来一直十分抢手。他是名校研究生学历，毕业的时候通过了好几家大型公司的面试，是一个工作能力突出的优秀青年。他早早获得北京户口，在父母的帮助下，买好了房和车，不到三十岁，年收入达到几十万。这个男生虽然长得不好看，但情商很高，很会哄女孩子开心，来给他介绍对象的人络绎不绝。公司里的很多年轻女性都想和他结婚，因为觉得这个人的条件看起来太适合结婚了，是个有为上进的青年，原生家庭也不差，个人该有的也都有。正是由于来得容易，这个男生对待感情的态度十分随意，基本上每段恋爱都不超过几个月时间。而且他根本就不想结婚，也没有真心喜欢哪个女孩子，谈腻了就换一个。但他的真实想法在恋爱初期并没有和对方说清楚，不少女孩稀里糊涂地就"被分手"了。他找的这些女孩，基本上都是看上了他的"条件"，他抓住女孩着急结婚的心理动机，很容易就把这些女孩套到手了。他知道自己长得又丑又胖，对方未必真心喜欢他这个人，一见钟情更是不可能。很多女孩因为着急结婚，竟然被这样的男人给骗了。

在婚恋市场中，优质男性资源确实相对稀缺。但恋爱结婚，不能只一味地追求物质条件。过于看重外在条件，而忽视了情感因素，很容易被人抓住"软肋"，反而被"渣男"利用。毕竟谁都不傻，何况是阅人无数的"渣男"呢！有些女生为了"攀高枝""钓金龟婿"，想尽办法，用尽各种"套路"，最后被骗的不在少数，得不偿失。有些男性确实看起来外在条件非常好，你们的恋爱谈得也很愉快，但能不能如你期待携手走入婚姻，还是未知数。

我身边有个姑娘，择偶眼光很高，追他的男性她都看不上。这姑娘确实长得很美，身材也不错，事业方面谈不上成功，但一个月两万多的收入，也可以保证自己日子过得不错。她想找的男性要生活精致、事业有成、干净帅气、家境良好。几年过去，她也没有遇到一个方方面面满意的。一次外出旅行，她在游轮上认识了一个完美男人，方方面面都符合她的要求。于是，顺理成章愉快地谈起了恋爱，以为自己的白马王子终于出现了。可一年多了，男人关于结婚只字不提，后来才发现男人已经结婚了，孩子都快上小学了。因为两人身处异地，相处时间不多，没有太早发现这个最关键的问题。听起来是不是有点像电视剧里的剧情，让你想起了电视剧《三十而已》中的王曼妮？现实中这样活生生的例子并不少见，你喜欢的十全十美的男人，很可能都是别人的老公。遇到好男人不难，能不能留得下，还要看你的真本事。"打铁还需自身硬"，当你自己配得上你期望的男人的时候，那些男人自然会来到你身边。不现实的过高期望，会让自己受伤概率加倍。说得直白一点，男人们也都不傻，你究竟"几斤几两"，聪明的男人一看就知道了，可笑的是你未必清楚自己到底"差在哪里"。

第三，恋爱经验不足。恋爱也是需要"练"爱的，经验可以让你少走弯路。很多女生从小到大注意力都集中在学业和事业上，从来没有谈过恋爱，年纪到了又匆匆择偶，很容易分不清什么才是好男人。女生多谈几次恋爱是必要的，因为有"比较"才会识人，才能保证你以更快的速度、更敏锐的直觉，发现哪些男人不值得交往。从另一个角度来看，遇到过渣男也不是坏事，这样可以让你对男人有更多了解，知道什么才是最适合自己的，知道哪些男生是真的爱自己，不容易在情感中迷失。这一点我深有体会，二十岁前我从来没有谈过恋爱，就算有男生追求，我也怕耽误学习，直接拒绝了对方。所以，我对男性的了解并不充分，大学时遇到了第一个男朋友，两个人都是初恋，十分单纯，恋爱一谈就是好几年，差一点就结婚。现在想想，多亏自己当时果断，那个人并不适合与我共度一生。我的恋爱经验全部来自二十岁以后，因为缺乏对男性的准确判断，缺乏对婚姻家庭的认知，也"被坑被骗"过，血淋淋的经验告诉我，恋爱这一课，早晚是要补上的。当然，在这里我并不支持上学时为了恋爱耽误学业，但多一些对异性的观察和了解，不是什么坏事。

说了这么多，我还想补充几点。有些所谓的"渣男"也不一定是"坏人"。男性面对不同的女性会呈现出不同的状态。遇到自己真心喜欢的人，"渣男"可能瞬间就变成了好男人。而有些男人本身并不渣，恋爱谈着谈着，最后就成了"渣男"。恋爱是动态的过程，人与人的互动中，很多东西都会变。另外，结婚不是衡量男人渣不渣的唯一标准，不想和你结婚的男人未必一定是"渣男"，相反，想和你结婚的也可能是"渣男"，比如看上了你的家境或者某些资源，男人比女人现实的不在少数。有些女性总相信自己可以改变渣男，想以自己的真诚和付出感动渣男，我劝你不要这样执着，因为这种男人不值得，改变的可能性也不大。

心理学家艾·弗洛姆在《爱的艺术》中提到，爱的形式包括关心、责任、尊重和认识，这是基本的共有要素。人们只有认识对方，了解对方，才能尊重对方。❶爱情也是建立在彼此了解和尊重的基础之上，长久来看，逃避责任的"以渣待人"的方式"损人不利己"，反而让自己更加空虚。

如果你是一位男读者，看到这篇文章时会不会生气呢？也许你会说，不是只有"渣男"，也有"渣女"。确实，我们不应该简单以性别

---

❶ 艾·弗洛姆. 爱的艺术 [M]. 李健鸣, 译. 上海：上海译文出版社，2011.

来区分对待，渣不渣最终还要看个体，而不分性别。

爱情里最宝贵的就是真心，以诚相待才是最值得珍视的。有人把爱称为"奢侈品"，恰恰因为真爱难得，以爱相守更难得。如果有一个人一心一意爱你，千万不要错过。因为真心才是最值得尊重的，愿我们都能牵手一生所爱。

找个"妈宝男",和他一家谈恋爱

提到"妈宝男"这个词,已经无须再过多解释了,大概就是指那些极度依赖母亲,什么事情都需要母亲做主、母亲操心的男人。"妈宝男"对母亲以及原生家庭的依赖不仅仅停留在生活层面,更重要的是心理层面。姑娘们都知道"妈宝男"不能找,但是,如今的"妈宝男"们越来越具有隐蔽性。遇到典型的"妈宝男",可以躲得远远的,但更多情况是,恋爱谈着谈着才发现对方是个"伪装妈宝男",或者结婚后才发现自己的男人不够独立,那才是更可怕的。所以,女性练就快速识别"妈宝男"的能力,也算是一项婚恋必备技能。记得在《所以,一切都是童年的错吗?》一书中,"妈宝男"的特点被总结为:"别人不可以说有关他母亲的任何一点不好;他的母亲不可能有任何事是做得不对的;他无法对母亲说不❶"等几点。除去以上提到的,我认为有"妈宝"倾向的男人,往往具有以下共同点。

---

❶ Know Yourself 主创们. 所以,一切都是童年的错吗? [M]. 南昌:江西人民出版社,2017.

第一，经济不独立。挣一份工资，养活自己，能够支撑自己平日的吃吃喝喝，不是什么太难的事，无非就是生活水平的高与低。谈恋爱的时候，和女朋友一起看看电影吃吃饭，过节送女朋友个小礼物，对于这些开销，"妈宝男"靠自己基本都能够解决，但是，一旦涉及大宗消费，他们就必须向家里人伸手，比如买房。如今购置房产，尤其是80、90后想在大城市买一套属于自己的房子，没有家里人帮忙，是十分吃力的。有些年轻人有自己的存款，有还贷能力，买房差的"资金缺口"，请爸妈帮忙"赞助"一下。但"妈宝男"则完全不同，他们把买房、买车、装修等大额支出的责任都推到了父母身上，完全听从父母的安排。自己没这个能力，也不想操这份心。这样的男人，恋爱的时候，两个人可以"你好我好"，一旦涉及谈婚论嫁，尤其是涉及房、车、生孩子等各种重要问题的时候，决定权全部在父母手里。作为"股东"的未来公婆，自然要掌握方方面面的话语权，毕竟钱全是"股东"出的，儿子如果不靠他们，根本就活不下去，更结不成婚。嫁入这样一个家庭，丈夫就成了"摆设"，因为他根本无力与父母抗衡，如果再遇上不明事理的公婆，吃苦受气是少不了的。

第二，缺乏上进心。完全没有工作的"妈宝男"应该为数不多，就算有，估计这样的男人你也不会找，除非他家境十分优渥。"妈宝男"虽然有工作，但往往上进心不足、事业心不强。因为背靠家庭这棵大树，他们从未想过拼尽全力奋斗。在外面遇到任何问题，都坚信有家里给"兜底"。压力不足，动力也不足。对于自己的人生价值，他们似乎没有太高要求，在他们看来，人生的乐趣主要在享乐，工作也是全凭自己的兴趣，不高兴就不干了。这样的男人连最起码的自立都没有完成，期盼他完全脱离家庭，基本是难以实现的。和这样的男人结婚，会让你看不到希望。他们在家庭中表现出的软弱会让你一次又一次崩溃。

第三，缺乏责任感。责任对于"妈宝男"来说是个硬伤。逃避责任是他们最擅长的技能。他连为自己负责都还没有学会，如何懂得对他人负责。婚前问题还没有凸显，婚后简直就是矛盾源泉。有些"妈宝男"习惯了婚前靠妈，婚后靠媳妇。生活方面，自己不愿意承担家务，有了孩子，更难以为妻子"搭把手"，夜里喂奶踹都踹不醒。有些"妈宝男"能做饭、能收拾家务，也能帮着带孩子，这已经是万幸了。但是，对于家庭的未来，他们缺乏规划，抱着得过且过的态度，很少设身处地地为妻子、为孩子的将来打算。我曾经见过一个"妈宝男"，因为早上不想起床挤地铁，就辞职不工作了。因为想睡懒觉，所以赋闲在家。他的理由非常充分："结婚之后，当然是谁有钱就花谁的钱。"婚前花父母的钱，婚后花媳妇的钱，媳妇的钱不够用再和父母要，觉得这是理所当然，从未想过自己对家庭的付出，对家庭的责任。

第四，缺乏主见。这一点不用我再多说了，这是"妈宝男"之所以叫"妈宝"的最显著特征，任何事情都要听父母建议，离不开父母做主。我曾经见过最极致的"妈宝男"，60多岁还要"听妈妈的话"，还要事事都问母亲该怎么办，如果母亲给他出错了主意，还要说一句："都怪你让我这么做。"真不知道如果母亲不在了，他以后该怎么办！人一辈子都没学会独立，是何等的悲哀！很多"妈宝男"表面上不听母亲的话，表现得好像挺叛逆，但是在"关键"问题上，最后还是妥协了。比如，我身边有一对小夫妻，老公就是个"隐藏妈宝男"。婚后，婆婆时不时挑拨夫妻俩的关系，有事没事给儿子发微信，告诉儿子该怎么做。儿子表面上没搭理他妈，也没有按母亲的意思照做。但是母亲的话他却听到了心里。随着矛盾日积月累，有一次夫妻俩大吵之后，婆婆借机劝儿子离婚。这一次，儿子还真是照做了，和媳妇说："我妈是不会害我的，我妈让离，咱们就离吧，离完她就不叨叨了。"言外之意，媳妇果然是外人，天下只有妈妈好。对于自己的婚姻，他完全没有责任意识，如同儿戏一般。离完婚，他又拉着媳妇的手，像什么都没发生一样回家了，妄想继续相安无事地过日子。覆水难收，这样的日子还能过下去吗？媳妇不过是他的一个保姆，离婚无非是把"儿子"又还给了母亲。

和一个"妈宝男"谈恋爱，如同和他们一家人"谈恋爱"。因为"妈宝男"的不独立，你要面对的事情会很多。本应该是夫妻俩协商解决的事情，你需要去和他的父母协商沟通，遇到点什么问题都要"你去找我妈商量"。在恋爱中，你不但要取悦你的另一半，还要取悦他的家人，因为他家人的意见起决定作用，比他更重要。他既做不了自己的主，也做不了别人的主，他没有任何发言的权利和能力。遇到矛盾，很难在夫妻间解决，必须有他的爸妈掺和进来，谁都有权利来指责你，来说三道四。好像你是一个"点"，他们一家人是"一个扇面"，他们永远是相亲相爱的一家人，你只是个外人。这样的婚姻很难幸福，因为爱情应该是两个人的事情，就算有些问题涉及双方家庭，但夫妻俩永远是核心。

现实生活中，"妈宝男"的可怕远远要多于我的描述。很多女性的婚姻悲剧都是源于丈夫的不独立。"妈宝男"始终没有学会独立，这是最致命的。如果这个男人不是在其他方面有不可取代的优势，那么路遇"妈宝男"，我劝你要绕路。有些女人认为男人结婚后自然就会成熟起来，"妈宝男"有了孩子也许就独立了，男人慢慢就长大了。不得不说，这样的选择风险有点大，如同人生的一次"豪赌"，筹码就是自己的青春和幸福。找一个"妈宝男"培养他的独立性，成功的可能性不是没有，但付出的精力和时间成本有点高，成功率太低。"冰冻三尺非一日之寒"，你要有多么强大的耐力才能"撬动"他的原生家庭，改变这个男人？婚姻之中，需要双方都足够成熟，才能够更从容地面对一路的风风雨雨，如果找了"妈宝男"，就意味着你选择了一条相对辛苦的路。

最后，也想提醒一下女性朋友们，在痛批"妈宝男"的同时，自己不要做个"妈宝女"，不要让你的老公和你的一家谈恋爱。

第三章
超越原生家庭，你与幸福一步之遥

独立成长，先从离开父母家开始

有一次，一个闺密拉我陪她去相亲。说实话，这种陪同工作，我还是第一次参与。那是一个春日的午后，我们相约在一个带落地窗的咖啡厅。对于要见面的男生，多多少少是有一些了解的，因为是朋友的朋友介绍，不算知根知底，但起码大体情况心里有数。这个男人快四十岁了，北京本地人。从来没有结过婚，在一家国企工作，没有什么官职，收入不高。但介绍人说，大哥人很憨厚，是个适合结婚的老实人。我这个闺密，毕业后先是在老家做公务员，后来不甘小城市的沉闷日子，辞了工作来北京闯荡，目前已经做到了一家广告公司的中层，是一个风风火火的女孩。因为已经三十多岁了，家里催得厉害，于是开始四处相亲，想快一点稳定下来，结束单身的日子。因为她在北京没有房子，没有户口，所以在择偶的时候，这两点她格外看重。这个相亲大哥，刚好满足了这两点要求。

我们到的时候，大哥已经先一步占好座位，一个人正在喝咖啡。看到我们，他很热情地招呼我们坐下，问我们喝点什么。我主动说我去点咖啡，他也没客气，告诉我不用给他买了，看得出他也并没有打算帮我们俩买咖啡的意思。坐下后，几个人开始闲聊。大哥的模样还不错，虽然不算帅气，但是很显年轻，看起来也就三十岁出头。他说自己有独立的住房，但是，目前还是和父母一起居住。我很诧异地问，这么多年来，你一直和父母一起住？我心里打了个问号，一个都快四十岁的人了，难道不需要一点自己的私人空间吗？哪怕每周自己单独住几天！答案确实和我想象的不一样，他认为和父母住特别好，既可以陪伴老两口，也不用发愁一个人吃什么，生活上还可以相互照顾，没有任何不适。他可能也看出来我这个"参谋"的疑虑，马上解释说："我很独立的，我的事情都是自己做主，只是和父母生活在一起，他们不会影响我的生活。"听了这句话，我和闺密两人相视一笑。

我的闺密虽然说叱咤广告圈，收入不低，但一直也没遇到一个真心想和她结婚的靠谱男人。因为考虑自己的年纪不小了，能选能挑的男人不多了，又不想找个离婚带孩子的男人，再加上对大哥印象也不错，两个人就顺理成章地发展起来。恋爱初期，独立这个问题被抛到一边了。三个多月后，我的闺密发现自己怀孕了，两人没犹豫就领了结婚证。可越来越多的问题也随之出现了。恋爱时，两个人并没有住在一起，只是周末偶尔见面，对于这个男人的真实生活状态，我的闺密并不了解。一天晚上，两个人在家看电视，突然停电了。我闺密打开窗帘看看，邻居家的灯都亮着，最大的可能就是电卡里没余额了。让我闺密无语的是，她老公不会交电费，因为从来都没有交过电费，一问三不知。后来她发现，岂止是电费，包括水费、燃气费、物业费一系列各种杂事，多年来都是父母代劳，连他的这套房子，也是父母帮着打理，这些生活上的小事，他从未过问过，问起来第一反应就是：

"我不太清楚啊，你得问问我妈。"

闺密怀孕了，家里的家务做不了太多。阳台上的衣服晾了好几天，都快落尘了，她老公还是没收拾起来。在她的一再催促下，她老公终于把衣服从阳台拿进屋里，但是却一直放在卧室的沙发上。衣服一批一批地洗，沙发上的干衣服越来越多。后来，她老公干脆说，别往衣柜里叠了，在沙发上摆着，想穿哪件拿哪件，多方便。她和我说，对于洗衣服这件事，她老公只知道把脏衣服放进洗衣机，后面的活儿完全没有概念，这么多年，她的老公不知道脏衣服是怎么从洗衣机进的衣柜。如今她要找件衣服，得在沙发上翻半天。过日子这事儿，就是一门"妥协"的艺术。谁看不下去，谁就得受累。除了洗衣服，还有擦地。我闺密是个爱干净的人，虽然自己之前一直租房子，但地板擦得可以光脚走，对于半个月不擦一次地的老公，她忍无可忍。我闺密说要不是自己怀孕了，这点活儿宁可自己干了，也不会天天催她老公。她的老公工作并不是多忙多累，每天按时下班，一进屋，屁股就坐在电脑前，一动不动地玩起游戏，玩累了就瘫在沙发上看手机、看电视。一天晚上，我闺密加班回来，看到家里乱作一团，直接拔掉了她老公正在打游戏的电脑电源，气得跟他大吵一架。第二天，她老公就搬来了亲妈，把家务活转给了婆婆做。

婆婆插手小家庭后，家务活解决了，但新的问题又出现了。工作性质原因，闺密晚上经常要陪客户应酬，虽然怀孕自己不能喝酒了，但饭还是要吃，该有的娱乐活动还要有，每个月的业绩压力让她放松不得，整个团队的人还等着靠她冲业绩吃饭。婆婆对此非常不满意，用关心的口吻提醒她早点回家，但背后却让儿子好好管管自己的媳妇。在婆婆眼里,大晚上不回家的女人不是好女人,在外面肯定没干什么好事。一来二去,儿子也被妈说烦了,渐渐起了疑心。婆婆给儿子出了个主意,媳妇一出去应酬,儿子就以接老婆回家为名,开车在饭店楼下等着,闺密又不忍让老公等上好几个小时,只能自己先一步离局,让团队的小伙伴继续陪客户,或者匆匆结束应酬,赶着回家。老公开始并不过问闺密的工作,在母亲的撺掇下,开始日日"盘查":"今天吃饭的人都有谁啊?那个谁谁谁干什么的?多大年纪?结婚没有?"婆婆也时不时甩脸子,话里话外带着刺。一次,婆婆和她老公在厨房聊天,不小心被我闺密听到了。婆婆说:"你看,外地人就是不安分,你这媳妇一点都不知足,我当初就说让你找个本地的,你非不听。你这媳妇本事大,就算生了孩子也早晚把你甩了……"气得闺密推门而入:"我愿意挺着肚子还在外面忙啊?你儿子要是有本事多挣点钱,不这么懒,我至于这么辛苦吗?"说完摔门而出。一桩又一桩的小事堆积起来,让我闺密看到她老公的思想和生活一样都没独立起来,快四十岁了,还是婆婆的大宝宝,俩人每次商量点事情,她老公第一句就是"这事你问问我爸妈",就连吵架都是"你找我妈吧,别和我吵了"。

孩子出生后,又面临换房的问题。不但房屋面积需要大一些,关于学区的问题,也不能不考虑。对于家里的大事,闺密老公完全做不了主,虽然房本上写着他的名字,但房子的实际所有权是公婆。闺密认为,如果换大房子,家里还房贷的主力一定是她,无论房本上加不加她的名字,房子理应有她一份。但公婆却打起了小算盘,他们不愿意把房子落到儿子名下,不愿意因为夫妻共同财产的规定,把卖了老宅的首付款白白分给儿媳妇一半。所以，老两口坚持要求，房子只能写公公的名字，减少离婚分家产的风险。这件事深深伤了闺密的心，自己做的一切都是为了孩子打算，但老公一家还是首先考虑自己的利益。最后，她老公不但没有站到她的这边，还埋怨她说："我觉得现在的房子挺好，你老没事和你同事攀比什么，孩子有学上就行了，什么名校不名校的，你就是活得太累，自己找罪受。"换房问题成为压倒闺密的最后一根稻草，这次换房让她看到了自己对于这个家庭来说依旧是个外人。无论你多么努力，多么尽心为家庭谋划，到头来，老公始终认为公婆是他最亲近的人，媳妇依旧要留心防着。因为她的老公不独立，所以始终不能建立起自己的核心小家庭。他们的日子里，总要掺和进来公公婆婆，老公在家庭中缺乏话语权，作为儿媳，她的话语权又何从谈起呢！那种在家庭生活中的无力感让她越来越疲惫。她曾试图扭转乾坤，但老公始终是一个"扶不起的阿斗"。男人的独立性，并不会因为结婚生子而突然形成，说到底，不是独立不起来，而是这个男人根本就不想独立。闺密十分后悔，她当初低估了男人独立的重要性，更不应该忽略那些生活上的小细节。她说，真应该听进去我当初那条建议，一直和父母住在一起的男人，与其结婚要谨慎。

其实，是否和父母生活在一起，并不能作为一个人独立的唯一标志。但是，在该独立生活的时候，依然离不开家，却值得反思。我上文提到的这个例子，和那些通过艰苦打拼在城市扎根，把父母接到身边生活的情况不同，一个是"离不开父母家"，一个是"父母来到我家"。从小到大，我们习惯性地把父母家说成是"我家"。但是，三十岁以后，我发现我对家的称呼变了，我会强调那是"父母的家"，我的住处才是"我的家"。这种无意识的用词变化,恰恰反映了这种独立界限的养成。从我个人的体会来看,从十五岁起,我就很少在父母家里生活了,我的独立之路就是从那一刻开始的。离开父母后,很多事情需要我们自己做主,生活上的小事也不再有人帮忙,你需要父母在身边的时候,往往他们都不在,所以,你只能一个人想办法解决问题。久而久之,你不需要再请示父母,对于很多事情,你都可以自己拿主意,独立性也就慢慢培养起来了。而一直生活在父母身边,很多能力都得不到机会锻炼,你以为这些小事不重要,但其实很重要。

一个人的独立不是一蹴而就的,从生活独立到思想独立,再到人格独立,需要缓慢的发展过程。一个人在生活空间上都无法独立,完全做到思想独立和人格独立,我认为是十分困难的。为什么一个人离不开家?这种依赖背后,一定有着深层次的心理因素。不是那些客观因素让你走不了,而是你自己并没有想要真正独立生活。为什么在本该独立的年纪,却独立不起来呢?我想这个问题应该好好问问自己,是什么绊住了你独立的脚步?有些人认为这种独立是没有意义的,只要生活舒服了,和谁一起生活又有什么关系,独立不独立,又有什么区别!所以一辈子也未必完成真正意义上的独立。但是,反观自己生活方方面面的不如意,究其原因是否很大一部分都和独立有关呢?

我们每个人作为一个独立的个体,在人生的道路上,早晚都要独立面对自己的人生,我们终将与原生家庭分离。独立能给我们带来多少益处暂且不提,无论如何,建议你体验一下独立生活,从第一步离开父母家开始,相信我,你一定会有新的收获。

孝顺不是顺从，人生需要自己负责

很多80、90后都是独生子女，每家只有一个孩子，集万般宠爱于一身。中国也有一些父母有"手长"的特点，对孩子管得太多。无论孩子是否成年，无论多大年纪，都是父母的"宝宝"，都可以理所应当地得到父母的保护，当然，这其中还有另外一层意思，包括理所应当地遵从父母的心愿。

中华传统美德中有这样一句话"百孝顺为先"。"孝顺"一词，除了"孝"，还有一个重要的字"顺"，如果你不顺着父母的意思，似乎"孝"也无从谈起了。所以，我们夸赞一个孩子的时候，经常用"听话的好孩子"给予很高的褒奖。那么，言外之意是不是不听话的孩子就不是"好孩子"了？有些家庭正是受到"听话"这项"美德"的影响，培养出了乖乖的顺从儿女，但似乎这份顺从并没有使儿女变得更加优秀，也没有给儿女带来太多幸福，反而随之产生了不少问题。

我曾接触过一个20岁出头的实习生，小姑娘长得非常好看，可眼神里却透着空洞、茫然。她的习惯性表情，我难以用言语形容，大概就是无聊中渗透着"无望",这与她的年龄非常不符,有股暮气沉沉之感。来实习也并不是她的兴趣,而是父母"安排"好的。还好学历和专业都对口,很顺利地就通过了选拔。但是她自己并不情愿,每天都无奈地赶来应付"父母的差事"。起初我以为她不愿意来实习,只是不喜欢来我的节目实习,年轻人大多喜欢"洋气""热闹"的节目,如:明星访谈、音乐歌舞之类,我也理解。但经过沟通我才发现,她是哪也不想去,什么也不想做,每天只想在家睡觉,无聊的时候就约约朋友,打打游戏。

那么,这姑娘是真的不求上进么?相熟之后,她才打开了心扉。她的父母都是非常强势的人,从小就精心地"打造"培养她,高中时她就被送到国外读书,也顺理成章地申请了国外的大学。等到毕业后,父母期望她能够回国找一份好工作,做一个"优秀的人"。她的父母经常在朋友聚会上夸赞自己的女儿优秀,本科多么顺利就毕业了,多么努力申请到了名校的研究生,又参加了哪些有意义的社会活动,等等。但是在她看来,这些事情都不值得炫耀,因为一切都是顺理成章,她并没有付出多大的努力,在身边的同学中,她只是最普通的一个,其他人也是如此,她见过那些真正优秀的同学,和她完全不同。她偷偷告诉我,在国外学习的这几年,她经常和朋友们混迹在酒吧,作业也是草草了事,直到有一天,她发现酒吧夜店实在没什么意思,才不怎么去玩了。至于研究生,那是父母的心愿,对于她而言,读不读也无所谓,连专业都是稀里糊涂选的。继续读书既可以晚回国几年,还可以不用工作,在外面晃荡几年。

对于父母给她划定的路线,她没有多喜欢,但也没有多抗拒。她知道父母是为她好，她也总是说："父母送我出去花了那么多钱，但是我好像什么也没学，我回国后，也不能混得比那些没出去的差啊，要不对不起这些钱。"对于父母的付出，她心存感恩，但又不知道该做点什么，能做点什么，到底该怎么做。还有一个更要命的现象，她不知道自己的兴趣是什么，她发现哪个专业、哪个领域，对于她来说"都是那么回事"。本科和研究生的专业，全是稀里糊涂随便选的，既没有爱好，也没有规划，怪不得整个人都那么茫然。所以，当她看到那些干劲十足、目标明确和她一起来实习的同龄人时，更觉得自己该做些什么。只可惜，她还要用更多的时间去寻找自己，因为她好像从来不清楚自己的心声。对于父母的安排，她反抗过吗？我想在年幼的时候她应该尝试过，只是那个自我的声音太过微小，以至于在被父母强大的声响淹没之后，渐渐选择了妥协和放弃。她分不清楚，什么才是父母的意愿，什么才是自己的意愿，这种共生关系让她获益不少，但也给她的独立之路带来了强大的阻碍。

我在很小的时候就意识到人生是需要自己负责的，无论父母怎样要求你，怎样为你筹谋，但结果都是需要自己承担的。与其他人为你选，不如自己为自己选。说到这里，有一件事让我印象深刻。记得有一年寒假，正好赶上过春节，我在备考一项考试。爷爷奶奶还有家里其他亲戚专程从南方赶来，假期非常短暂，好不容易一大家子人凑到了一起，过一个团圆年。正月初三那天，全家人计划去泡温泉度假，父亲推开我的房门，高高兴兴地走进来，让我赶快收拾东西，说一会大家就出发去温泉度假村了。当时我并不知道亲戚们已经计划好了，我关着房门在屋里背书，听到这个消息，我果断说不去，我要复习。

父亲当时就怒了，说我不懂事："爷爷奶奶年纪大了，好不容易来一次北方，一家人天南海北好不容易团聚几天，你怎么就这么自私，不知道陪长辈好好过一个年，就知道顾着自己的那点事，回来再复习，就不行么！"我当时对父亲说了一句话，直到现在我都记得，我说："考不好，您能替我负责吗？"虽然那时候才十几岁，但我已经懵懂地意识到，自己的学业只能自己负责，如果自己不好好学习，自己成绩不理想，父母是不能够为你埋单的。考不上好大学，找不到好工作，父母是可以继续保证你衣食无忧，但是他们却不能给你想要的人生，不能够帮助你实现自己的人生价值。比起陪家人度假，我认为那个考试对我更重要，因为这的确是一件我自己需要承担后果的事情。虽然不陪家里人一起热闹，爷爷奶奶会失望，七大姑八大姨会指指点点，父母会不高兴，但是，如果我考不好，真正负责的其实还是自己。一次妥协，必有次次妥协，久而久之，你就会渐渐麻木，在选择面前，分不清楚什么才是真正重要的事。

除了事业和学业，婚姻和情感，父母实际上更无法替你承担。在选择对象时，很多人过于在乎父母的建议，或者干脆任由父母安排，选他们喜欢的儿媳妇，他们喜欢的女婿。如果日子过得好，那只能说明你幸运，如果过得不好，到头来离婚，你难道还能怪父母耽误了你？就算你怪父母又有何用？父母可以给你钱，给你安慰，但是情感的伤痛，浪费的时间，只有自己能够承担。正如你生病了，父母就算给你找了最好的医生，也没办法替你遭罪。我身边就有这样活生生的例子，父母嫌她找的男朋友家里太穷，死活不让两人在一起，非要给她安排一个"条件好"的男人，闪婚闪生之后便闪离了。她现在一个人带着孩子，住在父母家里，就算父母可以帮她带孩子，但离婚情感上的打击，还要她自己慢慢修复。其中有一个细节，我很早就观察到了，她和我聊天的时候总是说"我妈说……""我爸说……""我有一个朋友说……""我领导说……"我问，你咋没有一次不是谁谁谁说，而是"我自己说呢"？直到离婚之后，她还在说："我妈说我前夫不好，我妈说我前夫家人品有问题，我妈说……"不知道未来的路上，她何时才能学会"我认为""我说"。

虽说没有不爱孩子的父母，父母都是为了孩子好，可父母毕竟也是有局限的，作为一个独立的人，很多事情，他们不能替代你的感受。如果，你把自己的选择权交给了父母，任由他们操控你的人生，那你也要接受好与不好的后果。直到有一天，父母不在了，是不是要把这个权利继续交给你的爱人、你的孩子、你的朋友呢？你的自我又在哪里？你自己究竟是怎样想的？你可曾后悔过？把自己的人生主动权交给了别人，习惯让别人替你做主，无论那个人是谁，到头来都不能替你承担所有。很多人虽然早已成年，但是还没有分清楚，哪些是自己的事，哪些是父母的事。

孝顺的方式有多种，一味地顺从而失去自我，未必是真正的孝顺，结果是你过得不好，父母也未必高兴。因为有些伤痛，父母无法替你承担，独立是每一个人的必修课，只有和父母彻底分离，拥有真正的独立，才能够获得更幸福的人生。当你是一个孩子的时候，父母替你负责；当你成年后，你的人生只能由你自己来负责。毕竟，更远的路，需要你一个人走。

超越原生家庭，你与幸福一步之遥

　　从读研究生开始，我就一直保留着阅读的习惯。近几年看的书，大部分都是心理学书籍，对于小说、自传和文学随笔，却一直提不起什么兴趣。某一天，无意间在抖音里看到一个短视频，洪晃女士推荐最近阅读的书，其中有一本叫《你当像鸟飞往你的山》，于是买来随意翻翻。出乎意料的是，这本书却成为我当年所有阅读书目中最喜爱的一本。后来上网查看才得知，这本书蝉联美国各大畅销书排行榜榜首，也是比尔·盖茨曾经力荐的一本。

　　收到书的那天，只是想拿起来随意翻看两篇，并没有打算读下去，但是不知不觉就看了100多页，以至于到了第三天，不敢再读下去，因为舍不得这么快就读完。书中的故事在这里就不详细"剧透"了，因为我猜想有些朋友还没有看过它。这本书讲述了一个女孩的传奇人生，17岁之前她从未走进过教室，之后几年却靠着自己的不懈努力成了剑桥博士。这本书带给我强烈的震撼，甚至让我找到了在心理学书籍中一直追寻却百思不得其解的答案。

　　每个人从出生开始，就受到原生家庭的种种羁绊，没有一个人能够逃离原生家庭的影响，我们每个人的身上都带着原生家庭的影子。父母言传身教，以他们的人生经验助益我们在社会上立足，但无形之中，也可能阻碍了我们的发展。突破家庭的局限，是每个人成长中的必经之路。正如书中的主人公，他的父母并不相信学校教育，甚至对于大学教育是十分排斥的，她的求学之路没有得到父母的任何支持，尤其是在心理情感层面。最后，她彻底"背叛"了父母，与家庭文化决裂，才获得了更广阔的一片天地，过上了自己想要的生活。这其中的艰难、委屈、痛苦、彷徨可想而知。最让人心痛的是"有家回不去"，作者最后几乎断绝了与父母的来往。父母本应该是自己最亲近的人，却不能够理解和接纳她。虽然在生活中我们或多或少都对家庭传袭有所反思和抗拒，但是彻底的"决裂"却需要无比强大的勇气。

记得早几年曾经读过一本书《超越原生家庭》，书上有一句话让我至今印象深刻："人生最困难的事情之一就是从心理和感情上摆脱早期原生家庭环境的影响，不再重复原生家庭中的一切，也不刻意去做与之截然相反的事情。"然而，超越原生家庭谈何容易，我们一生都在试图冲破原生家庭的羁绊。

原生家庭对一个人的情感牵动是最为强烈的，正是因为家庭成员都是我们最亲近的人，我们才会格外在乎他们的感受、他们的意愿。但一味地顺从并不是真的孝顺，反而容易丧失"做自己"的机会。记得大学毕业那年，很多老乡都要回老家工作，就算离开家去城市工作，也只选择离家里最近的城市，如北京。虽然北京与老家接壤，就算到北京市中心也就几十公里，但是对于他们来说，就算是离开老家了。所以，我的很多小学同学、中学同学，名校毕业后纷纷在老家小城就业。有一位同学是金融专业的高材生,毕业后去了乡镇储蓄所,他的同学们很多都成了北京金融街写字楼里的白领。我曾经问他:"费那么大力气,考上那么好的大学,毕业后就窝在这么小的储蓄所,每天对着三五个同事,做着最简单的业务,会不会觉得屈才了?"他转述了他母亲的观念"丑媳近地家中宝",他说:"父母年纪都大了,既然父母想让我在身边照顾他们,当然要回来了,至于在哪工作,不都差不多吗!"他的父母当年才五十岁出头,身体健康,在我看来,完全不需要子女照顾,他妈妈只是想让儿子在身边陪伴。从他父母的角度出发,也许这是为了儿子好,家里有房有车,什么都不用愁。每天下班回来,父母做好了饭菜,平时还可以享受父母的照顾,儿子生活上不用吃苦。但是,正因为父母的局限,让这位同学丧失了在大城市发展的机会,让他失去了本应该翱翔的天地。虽然在大城市打拼可能并不是他的志向所在,但我还是不免替他可惜。毕业初期,同学们的差异并不明显,但是随着时间的推移,慢慢就会成为不同世界的人。小城镇里的储蓄所比起大城市里的金融集团,发展空间和眼界不能相提并论。时间久了,就算这位同学想重新外出奋斗打拼,都不见得能够找到机会,因为差距就在一朝一夕间形成了。他对父母意愿的遵从从另外一个角度来讲,并不是孝顺。把眼光放得长远一点,他在北京混出点模样,以后把父母接到北京生活,一样可以陪伴父母。更何况,老家小城到北京市中心才几十公里,直线距离比北京的远郊区县还近。虽然因为父母,这位同学选择了留在父母身边。但更重要的因素是这位同学自己想不想走,如果真正想走,父母是留不住的。

从小到大,我们都被无意识地教导要做一个"乖孩子",听从父母"对的建议"。但人生的选择何止择业一桩,我们一路要面对各种各样的岔路口,选择的路不同,人生的境遇也就不同了。无论父母多么优秀,多么有远见,但依旧会受到时代与环境的影响;无论一个家族的传承有多么智慧,发展有多么强大,也毕竟存在局限。因此,看到家庭文化的缺陷,总结观念传承中的弊端,才能不断向前,比父母活得更好。每一个人都不是完美的,父母也不是完美的人。自幼长大,我们从无意识地模仿父母一言一行,到后来长成"父母的样子",除去遗传因素的影响,每日耳濡目染早已把我们变成了"那样的人"。就像很多人并不喜欢父母的某些性格特点,但是很奇怪,自己偏偏都"遗传"了。

　　身边有一个女性朋友告诉我,她看到了父母婚姻的不幸,父母之间似乎没有爱,两人经人介绍相亲认识,因为年纪都不小了,也就"凑合"结婚了。但这一辈子,两人争吵不断,从没"看得上"对方。因为惧怕走父母的老路,这位女性朋友早早恋爱结婚,她不想像母亲一样成为"剩女",最后草草嫁人。可她的婚姻也并不幸福,在婚后与丈夫争吵的时候,她惊讶地发现,她说着和母亲同样的话,那神态、语调和用词简直与母亲一模一样。于是,她开始反思这背后更深层次的问题,不断地观察自己的原生家庭,一点一点修补、成长。随着她的不断成熟,她看到了丈夫的诸多缺陷以及婚姻中无法解决的问题,于是提出了离婚。她的母亲非常伤心,劝她"凑合"过下去,在母亲的观念中,家家的日子都是这么凑合过的,吵吵闹闹都是正常现象。母亲怕她离婚后一时找不到下一个更好的,一个人生活太孤单,认为丈夫无论多么不好,起码两人在一起还有一个家,两个人的日子总比一个人好过。但是这位朋友却毅然决然地离婚了。母亲的软弱让她自己困在不幸福的婚姻里，一辈子都不敢走出来，如今她又想把这种理念无形之中传递给女儿。虽然婚姻并没有那么幸福，但是走出去的恐惧，让母亲死守了一辈子。每个人都要学会为自己的人生负责，母亲不能承担离婚的伤痛，并不意味着女儿没有这份能力，要想避免这种不幸的代际遗传，女儿必须走出这一步，勇敢地跨出这段并不幸福的婚姻。所以，女儿"背叛"了母亲的意愿，选择了一条和母亲截然不同的路。这期间并不是那么容易，因为女儿离婚这件事，母亲寝食难安，甚至比女儿还伤心抑郁，她将自己的焦虑与恐惧不断地传递给女儿，不断地在女儿身上寻求心理支持和安慰。与其说女儿离婚了，更像是母亲"离婚"了。母亲不断地替女儿伤心难过，却全然意识不到，这件事是女儿自己的事，女儿的婚姻不是她的婚姻，她和女儿是两个人。这种"卷入"让女儿不但得不到母亲的任何情感支持，反过来还要一边安抚母亲，一边自我疗伤。幸运的是，再难的日子都走过来了，这位朋友现在过得很幸福，有一个爱她的男朋友，而她的母亲也慢慢地接受了现实，不再干预女儿。这背后大概用了三四年的时间，虽然这位朋友的母亲现在也没有完全改变，偶尔还会向女儿释放恐惧与焦虑，但是频次却大大地降低了。我很佩服这位朋友的勇气与智慧，她没有走母亲的老路，她也意识到自己的人生与母亲的不同，她不是母亲的复制品，也不能重复同样的悲剧。

相比之下，一些人与原生家庭的距离很"远"。从小到大和父母一起生活的时间不多，工作后几乎和父母没有什么来往，见面的机会也不多。在他们看来，亲情并不是必需品，原生家庭并不能够给他们带来多少情感价值和益处；有些人因为原生家庭不幸福，巴不得早点离开，甚至与原生家庭刻意保持距离，才能实现"自我保护"。而通过与他们的交谈，我发现他们并不是情感上完全没有需求，只是无奈之举。而这种与原生家庭的疏离，在进入亲密关系后，一些隐性的影响开始渐渐显现，对于他们来说，同样存在着"超越原生家庭"的议题，甚至任务更加艰巨。

美国的苏珊·福沃德博士写过一本书《原生家庭：如何修补自己的性格缺陷》，其中分析了各类"有毒父母"的所做作为，以及这些行为如何伤害子女并持续影响子女成年后的生活。其中提到"有些有毒的父母，通过推卸责任，让孩子失去了积极角色的榜样，而没有了积极角色作为榜样，孩子的情感将难以健康发展""这一生中你耗费在有毒父母身上的精力，最终却可以用来帮你做出改变：变得更爱自己，对自己更负责任"。正如书中所言，任何一个原生家庭都存在着"问题"，并没有十全十美的原生家庭，但为了获得更幸福的人生，我们必须穷尽一生，努力超越自己的原生家庭。看到父母身上的局限，我们才能够更好地发展自我。所谓的"青出于蓝而胜于蓝"，并不单单指我们的学历比父母高，我们的经济能力比父母强，我们的社会地位比父母显赫……抛开这些时代大环境所赋予我们的机遇，除了经济与外在的不同，反观我们自身的成长，从自觉意识到自我完善，我们是否胜于父母呢？当你一点一点勇敢地打破家族壁垒后，你才能成为真正的自己，拥有一片更广阔的天地，获得真正的自由。父母对孩子都是有期待的，很多父母都希望把孩子拉入他们认为的正轨。更有一些强势的父母，想把自己的经验全盘复制给自己的孩子，告诉他们什么是对，什么是错。父母的初心是好的，想让孩子少走弯路，想让孩子站在自己的肩膀上，获得人生的捷径。但每一个孩子都是独立的个体，他们拥有自己的人生。父母的做法，无疑阉割了孩子的自我探索权利，而孩子越依附父母，越会给父母带来强烈的价值感和责任感。一些父母总是说自己的孩子"不行"，虽然孩子早已成年，但是在他们眼中却"难成大器"。这些父母在怪罪孩子不成材的同时，也应该反思一下自己多年的教育理念，是不是因为自己管得太多，绑住了孩子的手脚？相比拥有一个独立自主、主见清晰的孩子，你是不是更想要一个乖乖听话、自己什么都搞不定的孩子？一些母亲正在无意识地把孩子培养得能力低下，这样孩子才能永远地守在母亲身边，对母亲言听计从。可怕的是，很多人早已成年，已经意识到生活中出现的方方面面的问题，自己也并不快乐，却无力打破，任由父母操纵。

  培养自己的独立意识，走出一条属于自己的人生之路，是我们每个人一生的功课。而其中重要的一步，就是完成从原生家庭中"分化"出来，保持真正的自我。虽然也许有人为我们领航，但我们始终要做自己的舵手，去探索一片属于自己的天地，享受探索中的一路精彩。

那些隐藏在你身上的原生家庭印记

一次,有一位朋友来家里吃饭。我从橱柜里拿出一袋米,顺势就倒进了电饭锅里。旁边的朋友很是诧异,走过来呆呆地看着我。他问,你就这样煮饭吗?我很不解地看了看他。

吃饭的时候,朋友终于忍不住说了:"你从橱柜里拿出一袋米,我以为你要让我帮你把米倒进米缸,但我发现,你们家里竟然没有米缸。更夸张的是,你竟然连个盛米的量杯都没有,如果有朋友来你家里吃饭,有几个人,你是怎样知道做多少米饭的?少了不够,多了浪费。实在想不通,你平时是怎样生活的。"听了朋友的问话,我突然意识到,他说的问题,我不是想不通,而是从来都没有想过。

首先,我确实独居多时,很少有人来我家里做客,几年也不见得有个朋友来家吃饭,一是因为家里空间有限,二是做饭真的不是我拿手的技能。十几年了,我就是这样把米从袋子里倒进锅里,从未想过够不够、多不多的问题,一个人很少开火做饭,每次量大小都全凭感觉。再来说说米缸,这是我感触最深的。三十多年了,从未有人和我说过,家里需要一个米缸,而且米缸的寓意如此重要,我却全然不知，无论从功能上还是习俗上，我都毫不知情。

说到这，可能很多读者要笑我了。没关系，你们可以尽情地取笑我，因为我确实是这样一个"生活白痴"。何止是一个米缸，生活里很多常识性的问题我都不太清楚，比如吃剩下的菜放进冰箱，我很久之后，才知道要盖一层保鲜膜。于是，我开始思考为什么我会长成这个样子，我先是把原因归结于离家太早。

我从高中开始就读于寄宿制学校，然后升入大学，顺理成章地毕业工作，算起来到如今也有快二十年了。从生活方式到行事风格，我都养成了自己的一套体系，不管是对是错，我都是这样做了，也从未有人深入指导过，虽然有时候我很期待有个人能够对我有所引领，有所照顾。我也很羡慕那些和原生家庭连接紧密的孩子，能够得到父母更多的庇佑。

这几年，因工作原因回父母家的次数屈指可数。虽然经常电话视频，但也都是只言片语，报喜不报忧。父母只知道我忙，但我真正的生活是什么样子，他们也许并不知晓，而我了解他们也未必足够多。所以，当朋友问我父母家里到底有没有米缸时，我真的是怎么也想不起来，就像失忆了一样。而关于离家前的记忆也格外模糊，就像老电影的片段，剩下仅有的几句台词和幻灯片一样的场景。我问自己，小时候家里的厨房是什么样子？到底有没有米缸呢？我难道没有去过几次厨房吗？可我怎么也想不清楚，对于米缸我真的毫无记忆。带着米缸的疑问，过节回家的时候，我真的走进了厨房，去仔细确认了一番，父母家里确实没有米缸。我又问了几个北方的朋友，他们同样说没有米缸。看来，有没有米缸也存在着地域文化差异。但是关于传承的问题，却在每一个家庭中都存在。

　　这么多年来，为什么父母从未和我说过，我需要买个米缸？也许他们默认，这么简单的事情，我应该知道。仔细想想，从小到大，父母最关心的就是我的学业、事业，而生活上的嘘寒问暖总被一笔带过，或是没有那么细致入微，在他们心中，我能自己搞定一切。朋友和我说，米缸不仅是一个米缸，这也是一种家族文化的传承。审视一下自己，关于"生活印记"的传承，在我身上真的不多，这印记淡了点儿。我很羡慕那些能够把自己的小日子过得有声有色的朋友，家里永远充斥着烟火气，就算一个人吃饭，也有精致的摆盘和讲究的食材，延展到生活的方方面面，都打理得充满质感和生气，最起码能够让自己舒舒服服。而这一点，我的能力差了很多，以至于有朋友来了我的家里，才发现我过得如此"凑合"。那么，这种对生活的态度，是否也是家庭文化传承最直接的体现呢？

　　很多年前我就发现，我的生活习惯与父母的有很多不同，一个人在外时间久了，就形成一种独有的生活状态。你会渐渐找到一种属于自己的舒适，以及与父母不太相同的处事态度。尽管每一个家族都有我们不喜欢的方方面面，但与之全然不同，并不是一份独立宣言，这种形式上的"背叛"并不能抹去我们的家族印记。所以，我也常常思考，在我的身上，究竟有多少是家族的遗迹，又有多少是自己的修炼？一个米缸让我意识到，一个家族是需要有传承的，一代又一代地延续，从做人的规矩到行事的准则，有些东西是需要告诉那个懵懂无知的我们，从少年时期打下最初的底色。家族文化，决定了我们最初看世界的方式，也影响了我们对待生活的态度，它就隐藏在再平常不过的一餐一饭中。为什么说两个人结婚最需要磨合的是生活细节？因为当你和另外一个人朝夕相处后，你会发现两个人竟然有如此之多的不同。这些差异是怎样形成的？原因之一就是不同家庭文化所带来的。它从你一出生，就渐渐在潜移默化地养成。所以，最后两个人的相处，变成了两个家庭的磨合。

身边有这样一位朋友，我们认识很多年，一起在城市里工作，关系亲近之后，她回老家带上了我。但一进家门，那个我熟悉的她全然不在了，这位朋友完全像变了一个人。从口音、穿着到言行举止，瞬间"Mary 变为翠花"。那次老家之行，让我了解了朋友的另一面。回来的路上，她和我聊天。她告诉我，初中辍学后，她就一个人到北京打工了。父母从小很少管她，把精力都放在弟弟身上，她对这个家，对故乡，都没有什么好感。那个时候，她很刻意地抹去了自己身上的各种印记，不想与这个家庭有什么关联。但自从有了孩子之后，她意识到了一代代的传承，很多东西并不需要抹去，也根本就抹不去，早已渗透在每个人的血液之中。她渐渐找到了一种与原生家庭和谐相处的方式，虽然她依旧看不惯老家的种种，也不赞同父母的很多观念和做法，但她不再像以前一样，声嘶力竭地争辩或者用行动表达，而是多了一份理解，一笑而过。这也让我想到阿耐的小说《都挺好》中的主人公苏明玉，她怎么也想不到，时间走了一圈，她挣扎着离家那么多年，最后还是接下了苏家的担子，小说中最后一页写道："大家淡淡如水地交往吧，她不给予厚望，也不恨之入骨，该怎么样就怎么样。"她最终选择了接纳与和解。

与父母相同与不同，都不是一个人独立的标签。在这份取舍当中，有我们自己的思考，有我们自己的体验，这背后是一个人生活的磨炼与成长的升华。当我们能够尊重这种差异，也能保留应有的链接时，会拥有更多的成熟与独立。

有边界才有独立,家人之间也需要界限

陈小姐是我的一个朋友,性格开朗,工作要强,大学时期就离开了老家,毕业后来到北京闯荡。虽然算不上优秀,但是也硬凭着自己的努力,在北京混出点模样。因为自己是"三本"毕业,学历上拼不过名校毕业的学生,一路打拼可谓吃了不少苦头。从小公司一步一步跳槽,三十出头在一家上市公司做到了中层,背后付出的全是艰辛。因为自己家境一般,买不起北京的房子,也没有北京户口,所以,陈小姐很现实地选择了一个北京本地人结婚了。老公人很老实,工作不忙,对她很好;公婆都是退休工人,虽然没什么"大钱",但也给儿子留下一套独立住房,老两口的重要任务早早完成了。没结婚的时候,陈小姐觉得自己找的婆家真是不错,公婆是本地人,这样就省下来至少一套房子。如果双方都是外地人,生孩子后还要把至少一家老人接到身边帮忙照顾孩子,就算不给父母买房,自己的房子也需要买大一些的。因为两边都是独生子女,父母年迈时,还涉及给父母养老的问题,所以,本地公婆真是减轻了不少压力。

可是结婚后,日子可没有陈小姐预想的那么舒坦。陈小姐的婆婆

放心不下自己的儿子，有事没事就得去看看小两口过得怎么样，儿子自理能力太差，也不怎么会做饭，当妈的总怕儿子吃不好，睡不香。最可怕的是，婆婆有陈小姐家的钥匙，来回出入，就像自己家一样自然，从来不打招呼。有一次，陈小姐刚刚洗完澡，还没有穿好衣服，躺在沙发上刷手机，累了一天想放松一会儿，就在这时，"啪"的一声，门开了，她婆婆推门而入，吓得她从沙发上弹起来，所幸那天公公没跟着一起来，否则场面可能会更加尴尬。让陈小姐更加无法忍受的是，她的公婆经常在她上班的时候来帮忙料理家务，公婆一片好心，擦地刷碗洗衣服，有时候还买好菜做好饭，让小两口晚上回来热热就能吃了。陈小姐有这样的公婆一定很幸福吧！可惜，她和老公越来越多的矛盾，就是因为公婆的经常到访。

陈小姐自幼求学很早就离开了父母，这么多年都是自己独立生活。所以，她早早习惯了拥有自己的独立空间，对于她来说，有自己的私人空间是必须的，否则，她感到无法呼吸。这种空间不仅是物理空间，也包括心理空间。一个人在外打拼，父母都在外地老家，工作生活方方面面什么都帮不了她，所以，遇到问题只能自己扛。起初父母还帮她出出主意，到后来，父母连主意也不出了，陈小姐渐渐就"报喜不报忧"了。对于自己的生活，陈小姐打理得井井有条，虽然多年都是租房子，但是小屋布置得温馨整洁，照顾自己她很在行，就算多照顾一个什么都不会的老公，对于她来说也不是难事。只可惜，她的婆婆一直不肯放手，她只能做家里的半个女主人。她老公就是想不明白，我爸妈忙前忙后地伺候你，连床单都给你换好了，你怎么还不乐意？怎么还那么多事儿，真是身在福中不知福！

对于陈小姐的老公来说，他从来没觉得父母经常来他们的小家有什么不妥，因为一直以来，他都是和父母一起生活，这么多年都是"黏"在一起，遇到什么事，背后都有爸妈帮着解决，一家人就应该如此啊！陈小姐尝试了各种沟通，暗示公婆、与老公交流……可惜，都没有太大效果。直到有一次，婆婆洗坏了她的一件羊绒衫，陈小姐再也忍不住，大发雷霆，深夜与老公大吵一架。老公说："不就是一件羊绒衫吗，多少钱我给你，至于这么难为我妈吗！别以为你挣点钱就了不起了。"第二天，陈小姐和公婆"谈判"，要求以后未经允许，不能随便来自己家，否则就换锁；至于家里的家务活，公婆以后不用帮忙了，她可以请保洁阿姨，每周定期打扫；家里的物品，公婆不要擅自随意改变位置，她已经忍受够了，东西总是找不到……公婆的脸色当然非常难看，婆婆直接撂话："房子是我们买的，我们当然想来就来，我是他妈，看儿子天经地义，你是他什么人啊！"最终，在陈小姐老公的调和下，两边都有所让步，钥匙没有上交，门锁也没有换，公婆来的次数少了，每次来之前都给陈小姐发个微信，通知她一声。结婚两年多了，陈小姐一直没有生孩子，最近见面，我问她如何打算，年龄也不小了，为什么还没考虑要小孩？陈小姐一脸苦笑，说这样的婚姻不是她想要的，至于未来，走着看吧。我知道，她给自己留了"后路"，有一天离开了，我也不意外。

说到这里，还想到了我自己的亲身经历。记得我换新房的时候，给父母留了一张门禁卡，因为是密码锁，所以密码也一起告诉了父母。没过多久，恰逢春天，我去日本看樱花，父母知道我去日本的行程，要回京的那天晚上，我在日本的机场等飞机，给他们发了微信报平安。我妈兴致勃勃地告诉我，做了很多好吃的，炖肉烙饼一大堆塞到了我的冰箱里，用的正是刚给她不久的门禁卡。其中的辛苦我是知道的，做饭的劳累暂且不说，光是公交车换乘地铁，路上都要 2 个多小时的车程。我是很心疼我妈大老远跑过来给我送吃的，但是我并不高兴。对于她突然到访我的住处，不和我打声招呼，我很是诧异。我对父母表示了感谢，并希望以后他们不要再搞"突然袭击"了，这样带给我的感觉很不舒服，听到消息时，我的第一感觉有一种强烈的不安全感，自己的隐私被打破了，我不想某天早上还在熟睡，突然门就开了，我爸妈来了。可惜父母并没有理解我，发了大段大段的语音骂我，说我"不知好歹"。任我怎么解释他们都不听，一直不停地骂我，直到飞机起飞。虽然爸妈不高兴，但是我依然坚持要维护自己的界限，后来，他们再也没有随便登门，"规矩"就这么立下了。

子女与父母需要界限吗？答案是肯定的，这一点几乎所有人都认同，但具体的界限和空间因人而异。父母确实和我们是一家人，但是，家人与家人之间也是需要界限的。在我看来，有时我们的家庭界限是十分模糊的，这种"分不开"恰恰是很多家庭问题的核心。很多情侣和夫妻因为家庭矛盾吵架，恰恰是因为彼此对界限的概念不同。边界模糊，可是个大问题。家人间侵犯隐私被认为是一种理所当然，以至于很多人都不清楚自己的隐私范围在哪里。父母往往对自己的孩子"过于关心"。他们认为，孩子和父母之间不应该存在秘密，对于孩子的方方面面，父母当然有权知晓，因为父母"不会害孩子"。至于孩子的生活，也是"能帮就帮"，一切都是为了孩子好。所以，很多时候，父母过多干涉了孩子自己的生活，而当你还没有意识与父母建立一道清晰的界限时，偶尔"被打扰""不舒服"也是很正常的。可怕的是，你的另一半不一定与你有相同的忍受能力，吵架也就在所难免了。

建立自己的界限，也就是"边界"，是一个人独立的必经之路。因为只有有了清晰的界限感，你才能分清，什么是你的，什么是我的。美国临床医生巴里和贾内夫妇在《依赖共生》一书中提到了关于"建立心理边界"的有关内容，指出"学习和创造适当的个人边界，是让你摆脱不健康的共生关系和依赖共生关系的重要一步。承担分离和自主的任务意味着你可以确定自己和他人之间的界限，并拥有自己的身份"。健康的家庭成员之间的关系，应该是彼此之间既不拥有对方，也不从属于对方。彼此必须互相许可，才可以跨越生理和心理的边界。从与我们最亲密的父母、爱人开始，这种界限意识逐渐强化，从而延展到你与朋友、同事，以及与其他人的关系。懂得边界，是对他人的尊重，也是对自己的保护。这如同自己的一道防火墙，不允许别人随便越界，只有这样，我们才能免受那些来自四面八方的有意无意的伤害，无论是言语上的，还是身体上的，抑或是情感上的。而尊重别人的边界，也是自我修养的磨炼。

从觉察自己的边界、明确自己的边界再到建立自己的边界、维护自己的边界，需要一个漫长的过程，虽然也许并没有那么顺利，但是一切都值得，什么时候开始都不算晚。随着时间的推移，你会发现，自己的边界就是自己的铜墙铁壁，只有你，才是自己最有力的保护者。

儿子不是男朋友，母亲更需要情感独立

有一段时间，我特别害怕一类"中年女人"。原因是机缘巧合在一段时间内接连遇到了好几个不太喜欢的中年女性朋友。这让我意识到，无论经历多少风霜，保持女人的"可爱"是何等重要。这几个美丽的女人到底是什么样子，我大概来形容一下，或许某个场景、某句话，会让你想到身边的某个人。

这几个女人年纪大概在50岁出头，从未有过属于自己的事业，也没有取得过什么突出的成就，有些是家庭妇女。文化水平不高，没读过什么书，但见识不少，家庭条件也不错。老公为她们提供了经济来源，保证了她们优渥的衣食住行，孩子们长大了，大多离家求学或者外出就业，不再需要她们投入精力照顾，基本上达到了"有闲有钱"的状态。因为年轻时大多有几分姿色，所以时常眼神中透露着"我老公有钱""我儿子帅气优秀""我还是很美""老娘我是人生赢家"的意思。对于年轻姑娘，她们格外"苛刻"，多半都看不顺眼，而且并不欣赏优秀的年轻女性。乐于奉承她们的，还能勉强入了"法眼"，给你一句"小姑娘懂事"；遇到有性格、有想法又不那么友好

的漂亮小姑娘，马上一副恨之入骨的劲头。这些女性依旧追求时尚，关注护肤保养，虽然有些时候，审美风格暴露了年龄，品位没有自认为的那么高，但因有昂贵的奢侈品和珠宝加持，好不好看并不那么重要了。

用了这么多笔墨来形容我印象中的这几位中年女人，似乎还没有把她们描绘清晰。因为，刚刚说的都是外在，还有最重要的一点没有提到，那就是性格。"女子温润如玉"所说的温润与年龄无关。想一想，对于50多岁的女人，经历了那么多事情，走过了人生的大半程，是否应该更豁达、更坦然、更包容？相反，我所描绘的这一部分女性，强势、刻薄、情绪张力强、嫉妒心重，一脸凶相。所以，接触她们，不禁让我思考，是什么让一个女人变成了这个样子？让一个女人变得如此不可爱。

看到她们的外在，大概很多人都要羡慕，但反观她们的内心，却与"幸福"二字毫无关联。一个被爱滋养的女性，不会情绪化严重，遇到一点事情，就无比焦虑不安；一个真正自信的女人，不会因为别人的三言两语，就暴跳如雷，时刻担心自己的权威。通过更加深入地接触，我发现这类女性的共性是她们的婚姻并没有表现出来得那么和谐。虽然每天和丈夫在一个屋檐下生活，但是有些丈夫"出轨"不是一两次，甚至在外面有"小家庭"，就算没有出轨，也时常出去"娱乐"。对于这些事情，这些女性不是不知道，而是知道也不敢多言，也许哭过闹过，但都无济于事。因为不能舍弃优渥的生活，也不愿离开这个男人、这个家，所以她们选择了长期的隐忍，把自己的不满和委屈深深藏在了心底，一次次地看着自己的丈夫伤害自己，假装自己不在乎，安慰自己那只是男人的正常社交。日积月累，随着情绪不断地泛化，怨恨越来越多，一个女人的性情就慢慢变了。这些女人的丈夫有些生活规矩，每晚按时回家。但是，夫妻俩之间没有什么精神交流，丈夫对她们很嫌弃，认为她们"没脑子，没文化，什么都不懂"，没什么共同话题，甚至连她们的身体都不愿意碰一下，总之就是被丈夫"看不上"。因为她们是孩子的母亲，是家里名正言顺的一员，所以，她们拥有女主人的全部威严和权力，享受女主人的所有尊重和待遇，但就是唯独没有丈夫的欣赏和爱。随着子女的长大，孩子见识越来越广，学历越来越高，逐渐和自己的父亲站在了一条战线，果然"我妈什么都不懂""我妈什么都不行"。而这类女性在事业上也没有什么价值感，难以在社会上找到自己的位置，但是依旧用一种近乎自大的自信维持着女主人的面子。她们的价值主要体现在家庭中，照看孩子、照看老人，把一家人的生活打理得井井有条，做一手好饭，甚至无意识地讨好自己的老公和孩子。一旦有家庭成员不认可她的价值，她们会瞬间崩塌，但是她们应对崩塌的办法不是提高自己、完善自己，而是想办法继续讨好"家庭权威"，这个权威往往是自己的丈夫。因为没有得到足够的爱，所以她们心中缺乏爱。常年生活在一个无爱的婚姻中，她们还要表演自己幸福，表演自己得到了很多爱。如此，她们又怎么会变得可爱呢！

女人最可怕的不是容颜的衰老，而是丧失了成长性。尤其是对于一些文化水平不高的女性，年轻时凭借姿色可能会嫁给一个满意的丈夫，可能会幸运地找到一份工作，但是女人不学习、不思考、不提高自己，仅仅把自己的所有精神寄托都集中于丈夫和孩子身上，那么，

"抗风险"的能力必然会降低。当在家庭中不能获取足够的情感呵护和价值认可时，必然要通过"非正常"的手段，紧紧地握住自己手中仅有的东西。对于老公、孩子，她们更习惯用一种精神"捆绑"，因为生怕老公和孩子会"离开他们"，这种离开尤其体现在心理上的疏远。其中最有代表性的现象，就是有些女性把自己的儿子当作"男朋友"，正是因为他们得不到老公的足够的爱，所以，特别希望从儿子身上找到这种满足，因为儿子是自己生的，绝对不会背叛自己，儿子应该无条件地爱自己。这也就是为什么有一类家庭婆媳关系极其紧张，有些男性，和谁谈恋爱都会被母亲搅散！可怕的是，很多男性被母爱紧紧捆绑，既无能为力，又没有觉醒的意识。卡瑞尔·麦克布莱德博士在《母爱的羁绊》中曾经提到，让自己从围着母亲转的状态中解脱出来，是真正掌握自己的生活、发展自己个性的唯一方法。首先要做的，就是弄明白母亲是怎样把自己的情感投射到你身上的。然而很多人遇到情感不顺的时候，却单纯地认为是找的人不对，因为母亲不喜欢这样的女朋友或者儿媳，才会出现各种问题，恰恰忽略了母亲自身最根源的问题。一个缺爱的母亲，很难以健康的方式爱孩子，爱他人。

　　曾经有一个男孩告诉我，他找的女朋友，她妈没有一个看得上。起初谈恋爱的时候，他妈只是不高兴，但是谈着谈着，随着感情的深入，都谈黄了。她陪女朋友吃一顿饭，就得回家陪他妈吃一顿；和女朋友出去度假，他妈有事没事每天都要给他打几个电话，有时候还得视频查岗；节日、生日一定要和妈妈过，否则就是不孝顺；妈妈买衣服、烫头发、逛街，都要儿子陪着……如果得不到满足，妈妈动不动就是一哭二闹三上吊，张口闭口"你不要我这个妈了……"没有一个女朋友不因为他妈妈和他吵架，而他妈妈还要加他女朋友微信，表面嘘寒问暖，实则操控监视，遇到和她抢儿子的时候，拿起电话教训女孩一顿。他妈妈理想中的儿媳妇必须"听话"，听婆婆的话。实际上，她理想中的儿媳是不能撼动她与儿子"谈恋爱"，继续让儿子满足她随叫随到的"男朋友"功能。儿子必须无条件优先陪妈，这种要求，哪一个真正爱他儿子的女孩能够做到呢？儿子的情感之路注定是坎坷的。这类母亲在心理上无法与儿子分离，也不想分离，她们的精神世界是极其贫乏的，甚至连自己的生活都没有。

有一个永远都无法离开自己的"男朋友"，难道不是最安全的选择吗？而这种索取，必然是失败的，因为随着儿子的成熟，他需要拥有自己独立的家庭，独立的情感，他的爱恋，只能给自己的恋人。母亲要求儿子做她的"男朋友"，但是儿子不能把妈妈当女朋友，只能把她当作母亲。这也就是为什么需求得不到满足的时候，这位男性朋友的妈妈会疯了一样歇斯底里，上蹿下跳用尽一切办法破坏儿子的恋爱，而且对儿子的每一个女朋友都恨之入骨，认为这些女人都不是"好东西"。她们把责任归咎于他人，却忘了重新审视自己。她们把自己的喜好凌驾于儿子之上，对这种全然的错位毫无自知。她们认为是在帮儿子，其实是害了孩子。"不能有任何一个女人和她分享儿子的爱"，殊不知自己的这种近乎变态的无意识行为是何等的自私！英国学者彼得·库柏将这种关系定义为"痴迷型"母子关系，而"这类关系很容易导致伴侣与母亲之间陷入如何分享这位男性的问题。对于儿子而言，他的另一半需要与母亲共享自己的时间和精力"。如果儿子想要一直满足母亲的这种情感需求，那么，必然是以牺牲自我为代价的。作家龙应台在《目送》中写道："所谓父女母子一场，只不过意味着，你和他的缘分就是今生今世不断地在目送他的背影渐行渐远。"而这类可怕的母亲，正与其背道而驰，用自己的爱的绑架，毁了孩子的独立，毁了孩子的感情，毁了孩子的一生。

女人对一个家庭的重要性不言而喻。从妻子到母亲，女性是一个家庭情感的中心。一个幸福的女人，可以让一个家庭和睦幸福；一个不幸福的女人，可以让整个家庭活在痛苦之中。女人无论是否美丽，都可以保持善良。就算容貌无法选择，但是性格可以改变。善待他人，就是善待自己。一个真正温暖、有爱、宽容的女性，是任何化妆品和保养品都无法塑造的，因为你的心，只能你自己雕刻。有人把它雕刻成了花朵，有人把它雕刻成了利刀。就算不能够在婚姻中得到足够的爱，我们也可以充分地爱自己，而不是错误地索取爱。也不应该被糟糕的另一半毁了自己的一生，甚至因为自己的这种不幸，继续毁了自己的孩子的幸福。女人究竟过得好不好，是写在脸上的，写在你的性格中的。老公控制不了，试图控制儿子，对于一个母亲而言，是何等的失败。在你失去幸福的同时，你正在毁掉孩子的幸福，可悲的是，很多人竟然全然不知。儿子不是你的男朋友，他只能做你的儿子，亲密关系中的情爱缺失，儿子是弥补不了的，就算你把儿子锁在身边，他依旧不能承担起伴侣的职责，这种身份与情感的错位只会导致家庭的悲剧。如此形象地描述这类女性，正是因为我看到了这样的悲剧不断地重复。这种自私背后的根源是匮乏：精神的匮乏、情感的匮乏、自我价值的匮乏。

女人可爱，才会有人爱，才会享受爱与被爱。而女人可爱最重要的心理支持，就是心中有爱，只有心中有爱，才能让自己和他人幸福。歇斯底里的控制，不会让女性变得更可爱，只会让你变得更可怜、更可悲。任何一个女性，都需要找到成就感，构建属于自己的生活世界，就算不做一个职场女强人，也不能沦为一个家庭附属品，喜怒哀乐都要受制于人。保持女性的鲜活，保持自己不可替代的魅力，是一个内心成熟独立的女性追求卓越与成长的动力。作为一个女人，任凭岁月敲打，也别丧失了风华。

女儿不是"情感垃圾桶",别让她背负你的一生

"世界上最伟大的是母爱",我们从小就是听着这句话长大的。但如果此时此刻,我让你用几个词来形容你的母亲,你的脑海中第一反应会出现哪些词呢?"温柔""善良""贤惠""温暖""智慧"……也可能有些字眼不那么美好,如"自私""冷漠""强势""软弱""跋扈"……

相信很多人不会用所谓的"贬义词"评价自己的母亲,就算我们看到父母身上有一些缺点,也尽可能选择忽视或者遗忘,因为我们爱着我们的母亲。但是,母亲对一个人一生的影响是不可忽视与小觑的。很多人终生都在母子/女情感中不断纠缠,自己的情感生活,因为这种无形的力量,被一次次拽进深渊。虽然,我们不愿意承认,但这种力量,却超乎我们的想象。虽然近几年原生家庭的问题受到越来越多的重视,但是很少有人真正静下心来,深入研究自己的原生家庭问题,尤其是自己的母亲。很多你解不开的情感困惑,根源恰恰在自己的母亲。在这里,先为大家讲述一个身边的故事。

有一天,一位朋友的朋友经介绍加了我的微信,说是有什么家庭

问题想找我咨询一下，说起话来十分小心，神神秘秘。作为一个情感节目主持人，每天晚上都会在节目中与心理专家探讨大量的心理案例。几年中，见到了不少"狗血事件"，也深深感受到了情感对于一个人的牵动之深，影响之大。虽然我并不是职业的心理工作者，但是身边的朋友总喜欢找我聊聊天，遇到问题也会找我咨询。对方是一位中年男士，有着体面的职业和工作，言语间透露着自信。为了保护隐私，我们暂且叫他L先生。第一次微信交谈的时候，L先生说自己的媳妇有点神经质，可能是产后"有点抑郁"，动不动就在家里发脾气。因为是朋友的朋友，也不是咨询关系，我们聊得比较随意，但几句话过后，我就发现了L先生的"大男子主义"和"直男癌"倾向。他在家里很少做家务带孩子，也从不和太太说什么情话，换句话说就是没有什么情感上的抚慰。他说自己总在外面忙事业，每月往家交的钱也不少，媳妇不上班，就在家里带带孩子，还总是"那么多事"。我给他出主意，建议他多给妻子制造点小浪漫，重要节日的时候给妻子买礼物，平时多肯定妻子在家中的付出，多一点情感的鼓励，等等。大概过了两个月的时间，L先生又给我发微信，说妻子情绪不太好，想找个心理咨询师问问情况，具体也没多说。我意识到，他的家庭问题可能并不是简单的夫妻矛盾，问题并不像他描述的那么轻松，于是，我帮他介绍了一位经验丰富的心理咨询师。但出于职业习惯，我并没有具体打听问题的原因。

　　大概过去了几个月的时间，我偶尔遇到了我那位咨询师朋友，闲谈中想到了这位帮忙介绍的"客户"L先生，没想到这位咨询师根本就没接这个工作。她说打电话了解才知道，L先生的妻子已经自杀两次了,还好被家人及时发现,救了回来,死里逃生。心理业内人士都知道,面对这样的来访者,心理咨询师是不会轻易接诊的,因为她应该去医院精神科进行治疗了,情况比较严重,这可不是简单的"有点抑郁情绪"那么简单。几天后,我在一次活动上巧遇了L先生,他红光满面,和我谈了半个多小时工作,只字未提妻子和那位心理咨询师的事情。临别时,我还是抓住他问了问,虽然是家庭隐私,但是我知道这样的情况比较严重了,只想善意地提醒。L先生这才承认了妻子确实自杀过好几次了,产后状态十分糟糕,之前他只是云淡风轻地隐瞒了"家丑"的真相。在我看来,这并不是什么家丑,每个人都会遇到情感问题。可怕的是,L先生还没有带妻子去医院进行检查和治疗。我问为什么?他说妻子最近半个月状态好多了,什么原因,他也不知道。

在我的追问下,L先生才慢慢打开了话匣子。我敏锐地发现了一个细节,"最近一个月丈母娘回老家了,妻子心情好多了"。原来,据他描述,丈母娘早年与老丈人离婚,又赶上父母相继去世,之后丈母娘的情绪就不太稳定,经常一个人哭,其中细节虽然没有多言,但可以肯定,多年来女儿成了母亲的安慰者和倾听者,女儿一直为母亲提供"情感支持"。但是生产后,女儿既需要照顾孩子,还要继续扛住母亲的"索取",丈夫又不太理解她,不能够给予妻子足够的情绪价值。在这里关于L先生的故事我们不再多说,虽然那次我极力建议他一定要带着妻子去医院看看心理医生,进行专业、系统的治疗,但具体情况如何我没有再问。

"母子关系"在心理学中是十分重要的研究议题,其重要性不言而喻。如果非要细枝末节地讨论清楚，估计一本书的文字都不够。有些人总和自己的母亲吵架，"话不投机半句多"；有些人从来不和自己的母亲吵架，看似一片和谐。母子关系好不好，不能单单用吵不吵架来简单定义。"不吵架"的母子关系就一定是健康的吗？在我看来，真未必，倒是这种和颜悦色让人深思。为什么要和大家提上文的故事，在这里我想说说母亲的情绪处理能力。如果有人不幸，遇到一个需要女儿反哺她的母亲，这对于任何女儿而言都是不轻松的，很多女性抑郁症患者正是出身于这样的家庭。美国婚姻和家庭治疗学家卡瑞尔·麦克布莱德博士在《母爱的羁绊》中描述了"自恋母亲"这一典型现象："有些母亲在情感上过度的贫乏和强烈的自我专注，使得她们无法为自己的女儿提供无条件的爱和情感支持。"那种有同理心的爱，有些人一辈子都没有办法从母亲那里获得。"自恋母亲会将自己的女儿，而非儿子，视为自我的反映和延伸，而不是具有独立个性的他者。"正如前文中所描绘的那个事例，现实生活中，很多母亲由于自身成长的欠缺，很难为女儿提供健康的情感支持。而对于孩子来说，持续不断地安慰母亲、倾听母亲的所有困惑，帮助母亲解决她的所有问题，对于一个孩子，尤其是一个未成年的孩子来说，是很难实现的。女儿是母亲的"贴心小棉袄"，但并不是每一件棉袄都是充绒量足够的羽绒服。

不幸的是，生活中恰恰有很多母亲都不能处理好自己的情绪，或者说，完全不具备这方面的能力。她们与孩子的身份"倒置"了，且界限不分，你中有我，我中有你。母亲把孩子当成"闺密""丈夫""父母"……她们需要孩子们疏解她们的焦虑，给她们吃"定心丸",不断地安抚她们,无时无刻都保持"倾听"。她们可以抱怨,可以歇斯底里,可以又吵又闹,可以用"退行"的方式尽情发泄。因为她们是母亲,是长辈,是"生你养你"的人,所以,作为一个孝顺懂事的孩子,她们认为你有义务承担这些。她们甚至会"替你"痛苦,比如,你离婚了,要替你难受;你找不到工作,要替你着急;你生病了,要替你焦虑……而你在疲于应对、承担种种的同时,还要反过来不断安慰照顾自己的母亲,甚至认为是自己不够好,让她们如此难过和操心。一个母亲把自己所有的伤痛都附着在了女儿身上,而女儿却把所有的负面情绪都埋藏在了自己心中。这种内心的艰难可想而知。

很多母亲无意识用爱对儿女进行"情感勒索",或者以自己的委屈和不幸引起儿女们的内疚,"我都如此可怜了,如此不容易了,如此不幸了,你不能不管我!你怎么能这样对我!"正是这把"爱"的无形利刀,不知道割伤了多少儿女的心——一种"以爱之名"的精神折磨。每个人有每个人的痛苦,很多痛苦只有我们自己才能够承担和负责。我们既不应该承担他人的痛苦,也不应该把自己的痛苦强加他人,就算这个人是我们最亲、最爱的人。如果生一个孩子只是为了让它成为你的情绪垃圾桶,那么,对于孩子,公平吗?

如何才能抵挡住"母爱"的影响呢?我想,当我们能够看到什么是"母亲的",什么是"我的",能够清晰区分什么是母亲的情绪,什么是自己的情绪的时候,我们或许才能够活得轻松些。边界意识是独立,也是保护。因为只有这样,你才能不再需要一边为自己疗伤,一边还要背负着母亲的痛苦。能够抵抗住母亲负面情绪的侵扰,为自己建立安全的心理界限,也是一种获得幸福的能力。爱母亲,不是一定要背负着她的喜怒哀乐，因为只有你真正成为你自己，能够从"母体"中剥离出来，才能够完成真正的独立，而这恰恰是我们要走的路。而作为一个母亲，也要在成长中学会独立，不用情感绑架自己的孩子，过好自己的人生，处理好自己的情绪，不依附于孩子的情感支持，才能让孩子和自己更加幸福。

切记，不要做他人的"情感垃圾桶"，也别让他人做"垃圾桶"。

第四章
来来往往,都是最美的遇见

我和张先生的17年

17岁的一天，北京的夏日午后，微微泛着热气。母亲带着我乘坐了两个多小时的公共汽车，一路颠簸走进了王府井附近的一个胡同。这条巷子知道的人也许并不多，记得那年，巷子里还有很多"老北京"，一股浓厚的生活气息扑面而来。那栋白色的小楼，就成了我接下来四年时间里，每月都要打卡光顾的地方，也成为我记忆中，不可抹去的一段。

挂完号后，我的初诊被分到了一间很大的病房，一位年轻的医生走过来，戴着口罩，看不清脸。他介绍自己姓张，然后就开始给我检查牙齿。"必须要拔牙，要拔四颗。你到18岁了吗？ 18岁以后病例上就可以自己签字了……"其实关于第一次见面，我真的没有太多印象，只记得母亲一直焦虑地望着我和医生，张先生没有讲太多话，大概能看得出，矫正牙齿对于这样一个普通的工薪家庭来说，是一笔不小的开支。从那天起，我有了一个代号13567，直到今天我都能背出这个号码。

医院楼道墙上挂着张先生的简历"海归博士"，在当年那个时候，双博士学位的牙医，应该不是很多，至少我是这样坚定地认为，虽然博士这样的字眼，那时还离我太远。给我留下深刻印象的是，每次看牙病房里都萦绕着浓浓的北京南城口音，而我的医生讲着没有京味儿的普通话，显得那么不同。但我深信，我的这位"外来医生"是全科室最优秀的。

现在想来，当年的我又黑又土气。每次看牙，我总要先坐上两个多小时的火车，再从西客站乘公交车转地铁满身大汗往医院赶。不知道当年在张先生眼里，我是什么样子？也许是众多患者中的一位，和那些在医院病房外赶作业的孩子一样，没有什么不同。有一次，张先生夸我脚上的运动鞋好看，那个时候我还不认识什么品牌，后来想想，大概是双"山寨货"，上身我还配了一件紫色碎花背心。想到自己当年的审美，真是汗颜。

忘了从哪次看牙起，我感受到张先生的人缘越来越好，我看到病房里的小护士，都跑来和他聊天，都争着给他做助手。我张着嘴不能动，听着护士们讲笑话，笑得我嘴里的水不停地流向胸口的一次性"围嘴"。张先生说自己住在近郊，我算了算他住的区县的距离，每天估计通勤要一个多小时。那时候，他大概还是个单身贵族，一个刚刚归国的奋斗青年，努力又低调，很负责地对待每一个病人。

渐渐地我们熟悉了，张先生也给我讲他的故事，虽然每次都是只言片语，但对当年的我触动很大，甚至到现在，都是我学习的榜样。张先生出生在一个小城市，从小认真学习考上了省重点大学，他说上了大学才发现，自己的英语发音那么差，只能拼命地学。记得有一次，我抱怨英语单词总是记不住，他说没关系，自己把托福英语单词背到第13遍的时候，就发现全都记住了。还告诉我，自己是临近考研四个月的时候，才开始准备的，早一天都没开始。这大概就是学霸本霸吧。只可惜那时候的我，比较腼腆，也没有问太多，换成今天的我，一定会像一名记者一样，挖出更多的细节，讨教更多的学习方法。

牙齿渐渐整齐了，我也要毕业了。戴着牙套学播音，到底有多辛苦，大概只有经历过的学生才知道。夏练三伏冬练三九，每天早上雷打不动六点半起床，跑到操场练声。经常在念绕口令的时候，就被嘴里的"铁丝"滑破，那种溃疡摩擦牙套的痛感，再也不想经历了。10块钱一盒的"进口蜡"是我的救星，每次播音课前，我都在牙套上涂满防磨蜡。隔壁床的医生问我学什么专业，我说是播音主持，那位大夫开玩笑说："那以后毕业了，要当主持人啊，上了电视一定要说是谁帮你整的牙！"张先生马上说："不会的，到时候她一定会说，我的牙这么齐，是天生的，我从没整过牙"。这一点，他倒是猜错了，我从没否认过，即便以后真的上了电视，真的当了一名节目主持人。

摘掉牙套后，我们在各自的轨迹上耕耘着自己的生活，没有太多来往。毕业后四年，我加入了一个新成立的广播频道工作，因为初创期，各档节目都十分缺优质嘉宾。一天，健康节目组的同事，想策划一期口腔健康专题，四处打听谁能请到牙科医生来做节目，我试着拨通了这个许久不联系的号码，张先生真的来了。他有了妻子，有了孩子，有了房子，还是当年一样的笑容灿烂，眼睛里依旧闪烁着智慧的光芒。那个四年前戴着牙套的孩子，终于如愿以偿当上了一名主持人，我们相视一笑。

节目过后一年，我又联系了张先生，我想配一副新的牙齿矫正保持器，我又走进了王府井附近的那条胡同。我习惯性地掏出一张5块钱纸币放到窗口，说要挂张先生的号，工作人员瞪了我一眼，一脸嫌弃地说钱不够。哦，原来5块钱已成往事，我回头，看到墙上副主任医师一栏，贴着他的照片。有一次，我带着一位男士陪我去看牙，张先生瞥见这位男士，看了看我会心一笑。但我没解释，那不是我的男朋友，是刚谈完工作，顺路送我的朋友。

之后的年月，我就这样断断续续，隔三差五光顾张先生的牙科诊室，保持器换了一副又一副。他坚持让助手磨了我的一颗下牙，非要给我戴上下牙保持器，他说："你朋友圈的照片那么美，就下牙不齐，我是一个追求完美的人"。可惜，我没有好好坚持，不知道为什么，下牙矫治总以"我没坚持佩戴"告终，直到我们都放弃。

2020年的圣诞前夕，我再一次来找张先生。时隔两年多，我又见到了他，他的样子似乎没有太大变化，只是眼神里多了一丝疲惫。虽然夜幕已晚，但病房里依旧挤满了患者。每一位患者，都是慕名而来，希望得到知名专家张先生的亲自诊疗。墙上挂着他大大的艺术照，白大褂衬着标志性的灿烂笑容。旁边的图片展示着他的多本著作以及知名专家团队的介绍，人们都客气地尊称他张教授。见面的时候我们都很高兴，虽然每次都是那么匆忙，匆忙到一分钟的对话都是一种奢侈。我拿出了准备好的圣诞礼物，一条蓝色小象图案的领带，我说："这是我送你的圣诞礼物，祝你万象更新。这么多年，好像没送过你什么，希望代表我的一份情谊。"隔天，我收到了他送我的新年礼物，是一台我喜欢很久的咖啡机，我很不好意思地收下说："患者拿医生的东西，脸皮太厚了。"他留言："我们是朋友"。

  人生中也许没有几个 17 年。每次从正畸室里走出来，我都感慨颇多。我们俩人在各自的人生轨迹上不断探索追求，也都慢慢发生着变化。恍然一瞥，岁月就这么从一朝一夕间溜走了。

  在我们的生命中，也许会无意间邂逅一些人，他们的某些行为、某句话带给你很大启发，让你受益深远。虽然并没有经常见面或者联系，却带给你温暖和力量。也许，这就是缘分的妙处，让我们的生命充满了未知的精彩。

跳出圈子看世界

从小到大,我都是一个看起来"与众不同"的女孩。我不太喜欢和别人做同样的事,也不太喜欢跟随别人的观点。一切都是由心而发,只凭自己的喜好。可能因为活得太"肆意",也吃过不少亏,但一路走来,却从未后悔。

记得小时候,我特别反感亲戚们说我"不好",就算有长辈站出来挑毛病,我也会怼回去。现在回想起来,一个四五岁的小孩,不知道自己哪里来的勇气!这些七大姑八大姨并非带着善意,无非是家族聚会上,喜欢相互比孩子,生怕别人的孩子盖了自己家的风头。正是因为不想别人说我不好,我才格外地努力,想方方面面都尽力做到最好。久而久之,亲戚们说我有个性,说这小孩"劲儿劲儿"的。我到底是个什么人,他们也许并不了解,也无心了解,无非就是聚会上看个表面。我并不在意别人说我过于个性,尽管那时候,我对"个性"这个词毫无概念。提起学播音主持这件事,当初除了自己的父母,没有几个人支持,有亲戚早早下了断言:"就你这样的学播音主持,以后连饭都吃不上!"他们嘲笑我的父母不是"圈里人",更不是什么

"有钱人"，竟然还妄想让孩子走艺术道路。事实证明，我并没有因为学了播音就饿死，反而获得了一份稳定的工作，实现了自己儿时的梦想。亲戚们不是业内专家，也不是行业翘楚，他们有什么资格来定义我呢？这种所谓的"好心"，不但没有任何意义，反而可能误人子弟。可是，偏偏从小到大，我们或多或少总会听到类似的"良言"，无论是影响我们的决定，还是影响我们的心情，都耗费了不少宝贵的能量，至少搭上了时间成本。这些人也并非有错，只不过每个人都是基于自己的人生经验进行指导，好心劝你走上"正路"。所以，对于身边人、身边事的影响，我们每个人都很难逃脱。能够跳出圈子看问题，是一项十分重要的本领。

我们每个人都会无形中被各种各样的"圈子"所裹挟，无论你是否愿意，"有人的地方就有江湖"。大学本科毕业后，班里来北京发展的同学寥寥无几，播音系的同学基本都回到老家所在地，或者去省会城市的媒体发展。只有我，单枪匹马"两眼一抹黑"来到了北京。起初的北漂岁月充满艰辛，工作很一般，事业也没太大起色。我还要和好几个人合租一套房子，每天挤着公交地铁，赶往拥挤的写字楼。记得那时候我返回母校参加过一场活动，中午吃饭的时候，我的大学班主任刚好和我坐在一个桌上。他对着桌上所有的老师和同学说："我觉得你这孩子就是自己想不明白，每天生活在北京，就像在沙漠里游走，哎哟哟，自己还挺高兴。"话里话外就是说我这个人太傻，自己吃苦也没混出名堂，认为"普通人"在北京就是浪费时间。我过得怎么样，他当然不知道，因为私下没有任何联系，他只是想象混迹在北京的人，都过得不好。但他始终不知道，为什么在北京生活那么辛苦，很多人却还要用尽全力留在北京，更不知道这些人的快乐是什么。之后几年，我又陆续回母校主持了几次活动，但是奇怪的是，我再也没有看到这个曾经的班主任，不知道他现在过得怎么样，是不是还在向一届又一届的学生灌输着他的价值观。记得大学时期我的心意很坚定，无论别人怎样选择，我的目标就是进京，如今看来，一点都不后悔。同学们的事业发展得也不错，日子过得都很幸福，不同选择之下，我们有了截然不同的生活。

　　面对事业发展，我也一直尊重本心。来到台里工作一段时间后，我的节目需要进行调整，当时有早间新闻和晚间谈话两个节目组可以选择。早间节目是重点打造的王牌节目，关注度高，节目组庞大。晚间节目相比之下是个"轻量级"，甚至在有些人眼中，晚间节目是个边缘节目，夜出昼伏，完美错过了大部队的工作时间。正在我犹豫的时候，晚间节目组向我抛出了橄榄枝，于是我没有太多纠结，很快答应了。大部分人都不愿意到晚间节目组工作，因为不能够晚上陪伴家人，又要熬夜伤身，还不像早间节目那样引人瞩目。但我有自己的考量，我需要一档能够"自己说话"的节目，我需要锻炼我的思维、我的表达能力、我对谈话场的把控，我不想沦为一个"播稿机器"。没想到这个节目，我一做就是7年多，职场当中又能有几个黄金7年呢！几年间，我在节目中访谈过多位"大咖"，从学者到企业家，再到基层干部和有为青年，各行各业的人都走进过我的直播间，有幸倾听他们的人生，品读他们的智慧，是我的幸运。通过这档节目，我也接触到了心理学，每天一小时的节目直播"强化训练"，让我可以在节目中认真听心理专家解答情感困惑，受益匪浅。从最初为了提升节目的专业质量，到后来自己真正对心理学产生浓厚兴趣，我参加了很多系统的心理学课程培训，也读了很多心理学方面的著作，自己成了节目最大的受益者。这些心理学知识和自我体验就像长在身上的血肉，没有任何人能够把它们拿走，不会因为任何变动而消失，让我受益终身。所以，有些时候，我们不能只听别人说什么，只看别人做什么，关键时刻，要问问自己的心，要知道自己该做些什么，想做些什么。过多地融入某一个圈子，我们会不可控制地被"卷入"，保持必要的"清醒"，才能够站在更高维度去考量。你现在所追求的东西，在多年以后重新来看，也许毫无意义，或者意义不大。那么，为什么你此刻还要挖空心思追求呢？因为周围的人正在去抢去争，你不去，怕自己落后，怕自己有所失。但多年之后，反过头来看，是否值得？

　　人生有失必有得，凡事有利也有弊。无论我们怎样权衡，都未必是最佳选项。如果，我们不能够有足够宽广的视野，足够高远的格局，那就不要违背自己的心意，随心而发。事实证明，任何人在任何时间，都会不可避免存在一定的局限，所以，最经得起时间考验的选择，就是尊重自己的本来意愿，只有这样，才能不后悔或者少后悔。其实，无论任何选择，都会有所收获，最重要的是，你能否真正做到"享受当下"，享受自己的这份"决定"。放在人生的长河中，那些微不足道的烦恼不值得耗费你的心神。遇到问题时，不妨试一试跳出圈子看世界，人生或许轻松很多。

远离你身边的"危险朋友"

记得曾经在网上看到过这样一句话"你的闺密决定你的格局",仔细琢磨一下,颇有几分道理。我们的信息很大一部分来自圈层,作为爱叨叨的女人,又怎么能少了"姐妹团"呢!女人之间交流护肤、减肥、旅游、健身等各种经验,除此之外,还有一个重要话题——男人。聊来聊去,都少不了男男女女的情感话题。从这些谈话中,你可以看到不同人的婚恋观,也可以感受到每一个女人关于情感的"焦虑点"。就算你再独立,再有思想,也难免会受到情绪和观点的传染,从而影响你的心情,你的判断,你的决策。无论这种影响是正向的,还是负向的。

记得前年,身边有个朋友想离婚。她已经犹豫了好几个月,在一段不快乐的婚姻里挣扎了好几年。前夫是个不求上进的"软饭男",原公司倒闭后就每天在家打游戏,一年多不出门找工作。不挣钱也就算了,家里的活是一点都不操心。每天晚上等着媳妇下班回来做饭,要不就等着媳妇订外卖。除此之外,她老公衣服不洗,地也不擦,收个快递都不会帮忙把脏兮兮的外包装拆了。这位朋友经常说,家里养了一个"大废物",老公硬生生地成了个摆设。这个"废物"不能帮忙做家务，还不能提供情绪价值。妻子累了一天下班回来，连句问候的话都没有，自己依然忙着组队打游戏，头也不抬地打到后半夜。早上妻子出门，丈夫还在睡觉。夫妻俩的交流越来越少，偶尔妻子抱怨工作中的事情，丈夫还嫌烦，更不用谈帮忙出主意。在养了老公一年多之后，这位朋友实在受不了了，动了离婚的念头。和这样一个"废物"生活，让她看不到希望，以她的收入养活她和老公两个人还勉强过得去，但是，如果以后生孩子，她又要工作，又要照顾孩子，一个人无法承担家里家外的双重压力。以她这样一个单薄的肩膀，如何扛起三个人的生活呢！虽然眼下的婚姻让她不堪重负，但是周围的朋友们依旧是"劝和不劝离"："你老公人很好，虽然不上进，但是也不出轨""你都这么大岁数了，离了婚更不好找，没结婚的小姑娘都找不到对象呢""生个孩子吧，有了孩子男人就有责任心了"……虽然大家的理由各不相同，但是足以让这位朋友更加犹豫不决。乍一听来，这些建议每句话都有道理，都是朋友们的肺腑之言，但是其中究竟有多少真正有用？这些基于朋友自身经验的建议，真的适合她吗？

虽然在人生的重大选择面前，拿主意还是要靠自己。但有些特殊时刻，我们总希望身边有人帮着出主意，尤其是在自己看不清楚、想不明白、下不了决心的时候，哪怕说说话也好。这种来自友情的情感支持，能够给予我们力量，给予我们一份安慰。很可惜，并不是每一个关系好的朋友，都具有这种能力。很多时候，并不是这些朋友有什么坏心，而是她们自身的局限无法让她们发挥这种能量。她们自身本来就是个"问题体"，自己的事情都想不明白，又如何来给你支招呢！这种不具备积极情绪价值朋友，只会扰乱你的心神，徒增你的焦虑，甚至"因为瞎指路"越帮越乱，一不留神可能还会伤害到你。而我们如何为自己建立一个更加安全、有效、健康的朋友圈子呢？我想最重要的一环，就是筛选身边的朋友。对于那些不适合"说心里话"的姐妹，一定要多提防，以免不小心被伤害。那么，什么样的人不适合做知心好友呢？在这里，我给姑娘们简单地总结了几类，大家可以看看你周围有没有这样的人。

第一类："塑料"姐妹花。女人之间的关系总是很微妙，虽然口口声声都叫闺密，但很可能只属于"塑料姐妹花"。对于塑料姐妹花的含义，我就不多说了，网络中的意思多指"一些女生之间钩心斗角，虚与委蛇的面子社交，特别虚假不走心。"塑料姐妹花是防不胜防的，有些人表面与你交好，对你嘘寒问暖，但并不希望你过得太好，至少不可以比她好。看你漂亮，她嫉妒；看你有钱，她也嫉妒；看你嫁得好，更嫉妒……总之，你的任何方面都可能刺激到她的内心，挑起她的战斗欲。有些闺密之间，"塑料成分"会低一点，这类朋友是最需要提防的。她并不是一直对你不好，也并不是时时刻刻不安好心，但是往往在关键时刻，如果涉及自身利益，她还是会出手，甚至不择手段。这会让你非常难过和失望，因为你的真心并没有换来真心，你对她的无话不谈，完全成了助长她"火上浇油"害你的便利条件。如何辨别身边这类闺密呢？最简单的就是看人品，看她对家人、对朋友、对同事是如何行事的。如果她经常害别人，别心怀侥幸，有一天，她一定会变本加厉地祸害你。很多女人自认为聪明，总喜欢在背后耍一些手段，但世界上没有绝对的傻人，只是大家懒得当面拆穿而已。心地不善良的女人不可靠，这类女人不值得交往。

第二类：负面情绪过重的人。负面情绪，简单地说，即焦虑、紧张、愤怒、沮丧、悲伤、痛苦等我们认为的"不好的情绪"，这些在心理学范畴内大都被视作负性情绪。你身边可能有这样的朋友，他们经常被抑郁情绪笼罩，自身的焦虑感很重，常常担忧各种事情。任何问题都可能会引发他们的焦虑和不安，比如，找不到合适的对象，还没有生下孩子，工作变动或者新政策出台，等等。这类人还在担忧着自己的生存问题，无暇享受生活。他们也许会因为自己的忙碌，无暇真正顾及你的需要；也可能会因为自身的局限，让你陷入更重的负面情绪之中。观察你身边的朋友，那些总喜欢抱怨、总是对自己的生活不满意的人，要适当地远离。这些人不但不能够给你提供积极的建议，反而会对你的情绪产生影响。这类朋友是不适合谈心的，你沮丧，他们会让你更沮丧；你焦虑，他们会让你更焦虑。

这些人焦虑的往往只是他们自己的事情，并非你该考虑的。但是很多时候，你却无法区分那些是他们的焦虑还是你自己的焦虑。例如，一个费尽周折还没找到合适对象的女性朋友，疯狂劝你和男朋友赶快结婚生子，告诉你抓住一切机会，套牢一个男人……因为这正是她们所迫切期望的。但是有些时候，她们自己的焦虑无法处理好，却把这些观点和情绪传递给你，影响你的心情和决策。这些"良言"不会对你有什么帮助，反而会让你变得更加焦虑和不快乐，影响你的判断。

第三类：不尊重边界的人。朋友之间也是需要边界的，每个人都有自己的私密空间，都有自己不愿意拿出来与人分享的感受和事情。有些朋友因为感情亲密，"我中有你，你中有我"，认为只有彼此没有秘密，才是真感情。不能因为关系好，就可以无条件地打探对方的隐私，这不仅仅是缺乏尊重的表现，也可能因为忽略了对方的感受而对朋友造成伤害。就算是再好的朋友，有些话可以说，有些话也不能说。当感受到被冒犯时，任何人都会不舒服。有些朋友是好心，但是可能办了坏事。

记得有一次，亲眼看着一个女生在电话中骂她的闺密。她的朋友刚刚分手，心情很不好想找她倾诉，她接到电话劈头盖脸一顿骂："为了那个渣男，哭什么哭，分手就分手呗，你至于么！我早就说他是个渣男，谁让你不听我的话，你活该！"电话那头的女生哭得更厉害了，没说几句就挂了电话。此时，那个女生一定是很伤心的，就算自己遇人不淑，但是此刻她无非只是想听几句温暖的话，没想到不但得不到闺密的安慰，还要再遭受二次伤害，一天之内，可谓是双重打击。就算这个闺密是好心，但方式方法也欠妥，至少没有充分考虑他人的感受。还有些朋友，以为是在关心对方，但恰恰办了坏事。这样的关心不但不能够给朋友带来积极影响，反而会让别人更不舒服。我们不要做这样的人，也要谨防这样的人。

在真挚的友情中，我们处于开放的状态。这种开放为我们提供了相互交流、共同愉悦的机会，但也提供了伤害的可能。这也让我想到了在学习舞动治疗过程中接触到的苏珊娜·本德（Susanne Bender）团体进程"发展的四阶段模型"。如果将这一理论借用到我们与朋友之间的相处，可以简单理解为关系的发展经历"融入—责任—开放—分离"四个阶段。❶ 对于那些和我们要好的闺密，关系已经发展到第三

---

❶ 李微笑.舞动治疗入门[M].北京：中国轻工业出版社，2018.

个阶段，正是因为彼此处于"开放"的状态，所以，会把自己的内心感受与对方分享。当我们遇到一个自己信任的人，我们会很高兴。但是，如果不被尊重，你会加倍地痛苦。很多女性朋友喜欢和别人"谈心"，但是谈心前，你一定要有相应的预判，那就是眼前这个人是否具备承纳你的问题或者情绪的能力，如果他不具备，你很容易被她的反馈伤了自己，你丝毫不能获得任何情绪养分。朋友间相处得不愉快，也会对我们造成重大影响，尤其是对于一些"高敏感"的人。高敏感类型的人喜欢深度聊天，但是需要花费更多的能量来思考和消化外部输入的刺激和体验。❶ 为什么有些人总是在人际交往中受到伤害？对社会与他人越来越失望？正是因为你一次又一次为他人提供了伤害你的机会，而受挫之后，你难以信任他人，整个人际关系陷入了恶性循环。所以，为了自己少受伤害，我们更应该选择"安全的朋友"，你更需要那些情绪稳定、格局宽广、心地善良的朋友。同时，在必要的时候，学会保护自己，不给对方提供伤害你的机会。

---

❶ 丹伊尔斯·桑德.高敏感是种天赋[M].李红霞，译.北京：北京联合出版有限公司，2017.

那些"对"的人总会来到你身边

我相信，在你的生命中，一定有几个陪伴多年的朋友，几年、十几年、几十年……如果存在，那真的是一件幸福的事。虽然我们期待友情长长久久，但总有一些人，在我们的生活中，走着走着就消失了。

记得上高中时，我和宿舍里的几个姐妹，都是心贴心的好朋友。就算高二分了文理班，我们几个也要天天见面，彻夜谈心。我是一个独生子女，在读高中前，我基本是"饭来张口，衣来伸手"，衣服都不洗，什么家务活都不会做。说起来也真是惭愧，上了寄宿制高中后，我连一些基本生活技能都需要宿舍里的姐妹手把手教，没过多久，我竟然可以手洗牛仔裤和床单被罩了，自理能力就是那个时候练就的。

高中时，我隔三差五小病不断。因为读寄宿制高中，出去一趟看病是非常麻烦的事情。一次，我大半夜高烧不退，宿舍里的姐妹陪着我在学校附近的诊所输液，一坐就是几个小时，一边看着我手上的针，一边背着英语单词。那个时候，我不懂什么是发自心底的感激，我只是觉得，她们每一个人都太能干了，太会照顾人了，离开她们我不行。因为我年纪最小，她们管我叫"老疙瘩（音：嘎达）"，这些同学大多出生在农村多子女家庭，而我也自然而然地享受到了来自姐姐们的溺爱。这些姐妹中，我和二甜的关系最好，她因为在家中排行老二，所以叫二甜。虽然她在家中也是妹妹，但是照顾起我却格外在行。每逢寒暑假，我们还会去同学们的家中串门，坐上好几个小时的长途汽车，再带上大包小包的土特产。还有一个偏男性化的姐妹，我们都叫她"大哥"，每次去她家玩，她的妈妈都会做很多菜，留我们住上几天。

高中毕业后，我们这些好姐妹就渐渐失去了联系。那个年代，刚刚流行用手机，大部分同学都是上大学后才拥有了自己的第一部手机。所以，很多人都难以找到对方的手机号码，一些农村家庭，连座机都没有，更没有电脑，加个QQ好友都难以实现。但就算是再艰难，要好的几个姐妹，也会千辛万苦地寻找电话号码。有一次，我在大学校园里，偶遇了"大哥"，两人瞬间喜极而泣。原来"大哥"复读了，一年后考上了我所在的大学，我们在不同院系，半年后我们在校园里偶遇，如同找到了失联多年的亲人。

然而，毕业工作后，随着时间的推移，高中同学、大学本科同学之间的联系越来越少了。大家天南海北，几乎都不在同一个城市生活。虽然通信越来越发达，你却发现，有些人再也聚不起来。但幸运的是，情投意合的朋友总会来到你的身边。近些年来，研究生班的同学们都保持着密切的联系，经常几个人约起来一起工作、看展、学习，大家有着相似的艺术爱好和生活乐趣，每次大小聚会都相谈甚欢，同学们一晃也相识了很多年，情谊也越来越深。随着你的成长，你会发现，你总会吸引"对"的人，那些更加适合你的、情投意合的朋友，会自然而然来到你身边，彼此带来新的养分，共同享受友情的愉悦。

从前，我是一个"喜聚不喜散"的人，二十几岁的时候，看到曾经的一些朋友不那么亲密了，会非常遗憾和失望。我也曾经为逝去的友情难过伤怀，但也许这就是成长的代价，有些人再难成为你的知己。随着年纪增长，我知道生命当中，有些人来，有些人走，是在所难免的事情。生活的环境变了，圈层变了，我们很难再和那些曾经在一个世界里的人保持亲密来往，无论当时多么要好，都只是彼此生命中曾经的交点。而越过那个交叉点，我们要么奔向不同的方向，要么奔跑的速度有快有慢，再也难以相交。

很多时候，我们认为能够拥有更多的朋友，被朋友们需要，是一种价值的体现。每个人都希望能够被他人接纳、喜欢，能够与更多人建立良好的关系。当我们被拒绝的时候，我们会不禁感到遗憾和失望，很多人也会"自我攻击"，问问自己，是我哪里做错了？是不是我不够好？为什么他们不喜欢我？为什么他们不再与我来往，我要怎样做才能更好……很多人会因此受到打击，加重自我怀疑和自我否定，甚至因此陷入痛苦之中。如果你曾经有这样的感受，我想送给你丹麦心理咨询师伊尔斯·桑德的一段话："在内心深处，每个人都渴望因自己这个人而被爱，而不需要努力向别人证明自己值得被爱。如果你不断地努力，让自己值得被爱，那么现在你应该做的事就是停下来。"赢得更多的喜爱和认同，无须伪装或者隐藏自己，展现真实自我，才可以让你获得更加真挚的友情。就算随着时间的流逝，一些人渐渐远去，但你也无须自责，因为更多时候，你并不清楚其中的具体原因。你的价值无须通过朋友关系来体现，不要怀疑自己，你更需要的是对自己的认可。

无论在人生的任何阶段，我们都需要一些交心的好友，友情的支持作用不可忽视。常言道"患难见真情"，尤其是在你处于低谷的时候，仍然不离不弃的那些人，更加值得我们珍惜。虽然，我们并不希望经历低谷，但正是关键时刻友情的得与失，让我们有机会领悟得更多，看清更多。最后，那些真正爱你的人，都留在了身边；那些不重要的人，被一次又一次地过滤掉。

也许，每一个朋友都注定只能陪你走过人生的一段路。就算离开了，也不要畏惧，因为总有更适合的新朋友会到来。这不代表我们不珍视朋友，而是你渐渐发现，年龄大了，不是朋友越多越好，而是彼此懂得才好，伴随着你的成长，适合你的人，总会来到你的身边，那些不再适合的人，也会渐渐消失。所以，珍惜你身边的每一个人，感恩和享受每一份神奇的相遇吧。

第五章
追随内心，世界因你而精彩

童年的自由，一生的财富

我出生在内蒙古大兴安岭原始森林的一个山坳里，那里四面环山，长满了几人才能环抱的参天大树。在我的记忆中，那里只有白色和绿色，冬天是皑皑白雪，夏日是满眼苍翠。那里有我的童年，有我幻灯片一样仅存不多的模糊记忆。

时间已经过去太久，算一算离开那片山已经有快二十年的时间。十多年里，虽然我曾经对那片山格外想念，但是却从来没有回去过。不知道为什么，就是迈不开回去看看的脚步。那个世界对我来说，恍如隔世。

小时候的冬天，我的脚上总是穿着一双俄罗斯"毡疙瘩（音：嘎达）"。这是一种当地口语化的表达，其实就是一双厚毡料做的靴子。这种靴子是一体成型的，大多都是纯黑色，靴子筒一直到膝盖下，保暖性极好。我的这双小靴子，是父亲的朋友在满洲里与俄罗斯商人"换来的"，一同换来的还有一件粉蓝格子大衣。这两件行头是我过冬的重要武器，在很多照片中，我都穿着这件大衣和这双小靴子，样子可爱极了。大兴安岭的冬天非常冷，冷到零下五十多度，具体多少度，我一直没有什么清晰的概念。记得小时候有一次大人们聚会，说外面的天气已经冷到"温度计"爆表了，那个记录温度的仪器最低只能测到零下五十度。让人不可思议的是，虽然户外零下几十度，那么小的我，却每天都跑出去玩，有时甚至一玩就是几个小时，我却从未感觉到冷。如今北京的冬天，最低温度也就零下十几度，但是我却格外怕冷，想想自己小时候的经历，不禁打个冷战，无法现象。冬天的森林，雪厚到一米多，去山里玩的时候，我要大人抱着才能走。你可以随意在雪地里打滚儿，不用担心摔跤的疼痛。冬日里每次出门回来，睫毛上都会挂着白色冰花，口罩或围巾上也是一层白霜。

现在到了冬季，网上经常看到有人去北方旅行，录制泼水成冰的短视频，一群人在下面疯狂点赞。对于一个曾经在极寒地区生活的人来讲，一杯热水泼水成冰实在不足为奇。相比之下，我更留恋冬季的彩色冰灯。小镇每年都会雕刻不同主题的大型冰灯，虽然统称冰灯，其实是冰房子、冰滑梯、冰餐桌，等等，一切都是冰做的，配上彩色的灯泡，五颜六色的，特别壮观。家家户户也会自己冻冰灯，尤其是过年的时候，冻冰灯是例行的项目。自己家冻的冰灯确实是灯，放在窗前照明装饰使用。准备一个铁筒，盛满水，再加上红色墨水，放在屋外，水还没有冻实的时候，将里面的水倒掉，留下外面一层冰罩，夜晚的时候，点一支蜡烛，放在户外窗台上，再扣上冰罩，红冰灯就这样制作完成了。爸爸的冻冰灯技术特别好，因为我记得他说，冰灯上下中间，他想让哪里红就哪里红，我至今也没有弄明白，他是怎样控制红色墨水位置的，所以爸爸冻出来的冰灯总是红得很别致。春节晚上，家家户户窗前燃起红色的冰灯，成为雪乡小镇一道独特的风景。

因为处于极寒地区，夏天的暖意格外珍贵。在我的印象中，每年穿裙子的季节都很短。记得有一年的六一儿童节，表演队的小朋友穿上不同民族服装登台表演，分给我的是一套维吾尔族服饰，为此，妈妈给我编了几个小时的满头小辫儿。当时尽管已经到了六月，但我依然需要毛裤外面套裙子。那时候最大的梦想就是夏天长一点，让我多穿几天小裙子。

对于夏天的留恋，除了穿裙子还有很多。记得到了周末，父母总是约上几家好友到山里野炊。我们会带上提前准备好的各种食材，有时候还会在河里捞一条鱼。河水特别清澈，可以直接舀上几勺煮饭，凉凉的、甜甜的。吃饭之前，往往还会设置一些小游戏。我最喜欢的就是"寻宝"。大人们会提前在山里藏一些折好的纸条，上面写着小礼物的名字。孩子们会结伴到附近的山里找纸条，回来领礼物。这些纸条一般都藏在茂密的大树下，但是如果一个人，就不敢走得太远，在山里走得太远很容易迷路回不来。山林深处有"熊瞎子"，也就是黑熊，非常凶猛，如果一个人独自上山采蘑菇，走得又很远，是有风险的。孩子们在山里玩够了，大人们的饭也做好了，几家人围坐在一起，唱歌跳舞喝酒吃饭，尽情享受大自然的美好。过了很多年之后，我看到户外徒步等运动非常流行，恍然间想到，小时候我每周都去山里徒步野营，原来我早早就过上了这么时尚的生活。只是那时候没人讲究什么户外装备，没有登山杖、冲锋衣、防水靴、防潮垫之类的装备，那种简单的快乐再也难以找到了。

说到最想念的味道，当属山里的野果和松子。到了野果丰收的季节，路边就会有大婶们装着一筐筐的野果，几毛钱一纸杯售卖。关于不同野果上市的季节，我已经记不清楚了。当地最常见的是"都市"和"雅戈达"。过了很多年之后，我才知道小时候大把大把吃的野生"都市"叫作蓝莓，在城市的超市中，我尝试购买过很多品牌的蓝莓，都觉得味道不足，远远不及山里的蓝莓鲜美。至于"雅戈达"，后来发现可能是类似蔓越莓一样的小野果，那种酸酸甜甜的独特味道，我再也没有找到过。山里的松子成熟时，一般并不是将松子剥出来，而是将整个松树塔下锅放盐熬煮，松塔里的松子皮是淡黄色，松子仁嫩嫩的，味道比黑色皮松子鲜嫩很多，小时候我可以一口气磕上好几个松塔。

离开那片山已经快二十年了，自从离开就再也未曾踏足。听说近几年，随着自驾游的普及，那里的旅游业渐渐有了起色，小时候经常去的地方被命名为国家湿地公园。几年前，我曾经随团去过一次四川的稻城亚丁，稻城亚丁被誉为"人间天堂"，景色确实很美。但是，稻城亚丁的景色却没有给我带来任何惊喜，在我的印象中，真的不比小时候的那片山景色壮观，只是那里人迹罕至，交通不便，旅游产业不那么发达，太多人不知道罢了。如果今后旅游产业繁荣了，那片山会被更多人知晓。

从小到大，我都在向往一个更大的世界，总会猜想，山的那一面会是什么样子，可母亲告诉我，山的那一面还是山。我一直认为山山水水是有灵气的，它们注入给我生命最初的鲜活，也赋予了我真实的纯粹。相比于现在的孩子们，每天行程表里挤满了上不完的辅导班，从幼儿园开始，就不得不面对残酷的竞争，我的童年真是轻松许多。

我想正是因为拥有一个自由的童年，才让我能够更长久地保持一份创造力和好奇心。

虽然也曾想念，但却一直没有迈开回去看看的脚步，也许是缺乏一个机会，缺乏一点冲动。也可能潜意识里我只想把过去的那段时光定格在记忆深处，让那个穿着毡呢靴子、格子大衣的小女孩静静地永远停留在那里。她不曾经历浮华的喧嚣，也未曾看到过世间的浮躁，更未体察过人情的冷暖和人心的险恶，她永远在雪地里肆意地奔跑，在密林中自由地穿梭，手上握一把酸甜的蓝莓，口中哼着淡淡的歌……

他乡变故乡，心安是归处

我出生在内蒙古自治区呼伦贝尔市的一片原始森林里，9岁的时候随父母工作调动走出了大山。之后差不多是几年换一座城市，最后，扎根于北京。我很怕别人问我是哪里人，因为父母的祖籍一南一北，与内蒙古也没有太大关系。所以，在我的认知里，我很难说出自己是哪里人，自己的故乡究竟在哪儿，为了省事儿，我都告诉他们，我是河北人，因为父母在河北生活，我也在河北生活了十几年。但问我内心的归属，可能北京这座城市更加强烈些。

几年前，我主持了一档文艺节目，名字叫《山水乡愁》。节目中，既有对家乡追忆的优美散文，也有抒发思乡之情的歌曲音乐。每天晚上，我就这样陪着听众们追忆自己的故事，追忆美好的童年。乡愁真是一种特殊的情结，它为你打上了最初的标记和烙印，也为你提供了回忆和牵挂的对象。无论身行多远，故乡都在远方默默地守望你，等你回来。也正是因为这种极具共鸣的情愫，搭建了节目中这样一个特殊的话语空间，让大家有机会在别人的故事里念起自己的故乡。

为什么很多人都留恋故乡？我想这首先源于一种自幼的生活习

惯。无论那空气中湿润的气息，还是街角的一碗手擀面，都洋溢着一种熟悉、舒适的感觉。就算在很多人眼中，故乡的城市并不繁华，也不现代，还有着诸多弊处，但在自己心里却是偏爱的、包容的、不可替代的。而这种包容与开放的心态却未必能够带到成年后自己所生活的城市。

算一算，我在北京生活也有十几年了。小时候，北京是我最喜欢的城市，梦想着以后到这里生活、打拼。所以，毕业一年后，我果断辞掉了地方电台的工作，只身来到了北京。甚至为此一度放弃了自己热爱的播音主持事业。那个时候，北京在我的眼中很大，但是却离我很远，虽然喜欢这里的生活，但是那更像是一种生存。渐渐地，我和这个城市慢慢融合，和北京土著的生活慢慢融合，直到最后长出与这个城市连皮带肉的情感。在很多人口中，总爱用"北京人"和"外地人"的标签进行简单粗暴地划分。但在我的心中，我并没有感觉身处异乡，我的闺密和朋友中不乏本土北京人，他们也并没有把我当作一个外地人看待。虽然北京也有很多"毛病"，但是在我心中，我对这个城市是有爱、有归属感的，早已没有了"北漂"的感觉。我能够理解胡同里北京人的生活态度，也熟悉北京大妞的性格，同样对这座城市不同圈层的本土人有了越来越多的接触和了解。

记得和前男友一同回家时，他的奶奶问我："你们外地人，为什么不好好在家种地，非要来北京？"估计在她的眼中，外地来京的都是农民吧。但很可惜，我家在城里没有地，我倒是真希望能有一块地来种呢。我自然不必和一个老人家计较，但是却记住了她的这句话。当年，对于稚嫩、初来乍到的我，这句话是刺耳的。因为在一个北京家庭生活了几年的时间,所以,对类似这种既自豪又自卑的"北京心态"体会深刻。前男友的远房表姑,多年前下岗做了保姆,颐指气使地对我说:"外地人就是不行,要么挣不到钱,挣了钱也舍不得花。"那眉眼间的表情,真是如电视剧里演绎的一般生动。说这话的原因,是她的女儿转行做了销售,挣了点钱,很快就各种名牌傍身,一副"小人得志"的气势。虽然他们口中处处打压外地人,但在内心深处却是怕外地人抢了他们的饭碗和资源。但在我看来,这并不存在绝对竞争,因为正如她连大学都没读过的女儿,就算没有外地人与她争,也难以找到一份他们眼中所谓的"体面工作"。这种心态的背后,是极度的自傲与自卑。

　　我把这种特例归结于个体原因,而不是全部。在这里,我一定要说,并不是所有的北京人都是如此心态。接触的圈层多了,你会发现北京人自然也是千差万别,绝对不能以偏概全,更不能心存刻板印象。这与一个人的素质、一个家庭的教养和观念有直接关系,越是优秀的人,越包容、越开放、越随和。所以,无论我们身居怎样一座城市,都不要因为初来乍到时,遇到几个让你不快的人,遇到一些不爽的事儿,而对这个城市存有偏见。影响了自己的心情,反而是最不划算的。当你认为一个城市不好时,你看到的便是处处不好,自然而然,也会影响你在这里生活的感受,最后很可能就打道回府了。

　　我有个大学同学,毕业之后在老家的电视台干了几年,一心向往着大城市的生活,不甘心在小地方埋没了自己。于是,毕业两年后,愤然辞去了老家的工作,不顾父母的挽留,拒绝了家里安排好的亲事,只身来到北京。然后,便混迹在北京各种规模不大的电视节目制作公司，可惜，没过两年就待不下去，回老家了。从他的口中，我听到的都是对北京的抱怨：这里的房子贵，买不起房就娶不到老婆，没有未来；这里的交通拥堵，车多人多，每天上下班路上都要耽误两个多小时；这里的工作机会不好，总也遇不到好公司、好老板；这里的人不好，没有老家人实在，交不到真心朋友；这里挣不到钱，每个月除了大额的房租和吃喝，什么也剩不下。既然这么不喜欢这里，那就安心回老家好了，没想到，在老家待了一年多，他又回北京了。说老家工资太低，回去不适应，什么娱乐生活都没有，同学都结婚生孩子了，自己和他们玩不到一起，体制内的工作也没了，不知道干点啥，还是北京大城市好，机会多。但是，他第二次也没有在北京留住，过了没多久又跑回老家了。直到30出头，他还在来来回回两头折腾，北京留不下，老家回不去。在这种折腾中，在北京没混出个模样，在老家也没干成事业。谈的恋爱都很短命，媳妇也没娶到。我曾经好心劝他，任何一个地方都有利有弊，想好一个方向，就坚持下去。这样来来回回，不是螺旋式上升，而是越来越不如从前。最后，连最基本的年轻和体能优势都没了，资源和技能也没有积累多少，随着年纪增大，工作只会越来越难找。老家和北京哪个都待不了太久，这样影响的是自己的职业规划，耽误了巨大的精力，没有持续性的积累，折损了自己的发展。最近两年，我们没有再联系了，不知道他现在又在哪个城市，他也不在班级群里"冒泡"了，估计是觉得自己混得不够好。

适应能力是我们获得更舒适生活的必备技能。在我看来，如果从小到大都只在一个地方生活，未免也是一种遗憾。用短暂的一生，去体验不同的文化，去感受不同国家、不同城市的生活，难道不是一件令人兴奋的事情吗！走进任何一个不熟悉的地区，都需要一段时间去适应，而你能与这座城市融合多少，需要多久的时间才能自在，都会决定着你的生活质量，因为这种感觉与内心密切相连。就算一个地方有千万种不好，但是当我们不得不在这里生活时，也要抱着开放的态度去发现它的好，不要盯着缺陷不放。因为，当我们真正爱一个地方的时候，才能获得更愉悦的体验，才不至于因为一些小的不快，产生"连锁反应"，冲动之下一走了之。

对于我这样一个说不清"故乡在哪里"的人来说，反而天南地北都能找到点乡情。因为父亲的祖籍在广州，自己试着学粤语，也喜爱粤菜；因为母亲是东北人，也能理解洗浴喝酒之类的东北特色文化；因为自己常年生活在北京，也能适应雾霾小阴天和春秋较短的干燥气候。我提到的几点，只是简单地举个例子，关于一个城市的生活，我想除了衣食住行，最重要的是内心是否有归属感，是否真正认可自己在这里的生活状态。

有人说"爱上一个人，就会爱上一座城市"。这句话是有道理的，因为你爱的人会带着你快速融入这座城市的生活，让你体会到这座城市独特的优势。很多人也许是先爱上一座城市，然后渐渐在这里遇到了对的人。不管怎样，"既来之则安之"。就拿我而言，几年前，我从未想过离开北京。但是随着自己阅历的增长和内心的强大，我并不排斥未来去一个新的地方生活，甚至有些期待改变一下一成不变的日子，因为我相信，无论在哪里，我都会过得很好。但曾经的我，却试图努力地寻找自己的故乡，划分自己的归属，直到有一天，我才发现，这些都不重要，何处是故乡？心安就是归处。

不是你不好，是你需要更大的世界

大学毕业那一年，我留在了户口所在地的一座小城市工作，我在那里曾经读了三年高中，惊讶的是，四年后回来，这个城市竟然还是没有什么变化。然而，这并不是一座边远地区的城市，它和北京接壤，到北京市中心才不过几十公里。但是，整个城市的风貌，几年间都没有什么变化，街道依旧窄窄的，商业中心楼群还是矮矮的，四十分钟都难以等到公交车，出租车也经常打不到。近几年我没有再回去过，听说这座城市有了很大的变化。当年这座城市那种安逸闭塞的风貌并不是我喜欢的。当时，我以面试第一名的成绩顺利地考取了这座城市电台的职位，为什么不喜欢这座小城市，还留下了呢？因为我没有太多的选择。播音主持专业毕业的孩子，特别难找到一份"对口"的工作，能够当上主持人，已经称得上幸运了。入职之后，工作并不愉快。台里倒是挺重用我们，刚一入台就开始轮流播早新闻。早新闻可是当时最重要的一档节目，听说很多市民每天早上都要听呢！播早新闻要早上4点上班，但是宿舍里其他主持人夜里2点才下班，每天我都很难睡上安稳觉。因为睡眠难以保障，我一个月就累出了"肋间神经痛",就是胸口疼。当时四处求医,去了好几家医院,最后医生给出了这个名字,还告诉我没什么有效的药物可以治疗,只有休息。直到现在,我其实也不太清楚其中的病理。但是,就算自己落下了病根儿,有苦劳却没有功劳,我还是受到了领导的批评。当时台里明确要求,要培养一批"直播播音员"。所以,早新闻要求主持人必须直播,禁止录播。我和男搭档一直坚持直播,可是直播必然会产生口误,尤其对于刚毕业的我们来说,还没有达到纯熟的播稿程度,直播节奏、直播状态都在学习摸索中。而另外一位新女主持人一直偷偷录播,所以她播的新闻一个字都不会卡,领导认为她比我们播得都好。我并没有去找领导拆穿她,我认为这都是个人的选择,时间会检验一切。台里要求直播,就给了我一个直播实践的机会,所以,我要好好去练习,对于一个新播音员来说,这是一件好事,一个难得的平台。直到现在,我都感谢当时自己的勇敢,因为正是那一年的直播工作,磨炼了我的业务基础,给了我后来考取更好工作的一块"敲门砖"。除此之外,让我心里更不舒服的是,各大晚会和"露脸"的机会,部门主任都不让我参与,一直在用同时期进台的另外一个女主持人。我并不觉得我的能力和形象有什么问题,但是小地方的"私人关系"你无法改变。但我也没有着急,因为我心里清楚,这并不是我的久留之地。

说到这里,还想起一个小插曲。当时,"兄弟单位"有一个同乡大哥,我现在连他的样子和名字都记不清了。大哥托自己父母找到了我爸妈的电话,安排了一场相亲。这位大哥现在想起来,用"油腻"两个字来形容最为贴切,虽然当时我还不知道那种感觉就是近几年流行的形容词"油腻",但我一说,你们都懂。当时我才20出头,这位大哥实际年龄也就比我大四五岁,算起来也是20多岁,但是整个形象已经油腻得不行了。他经常穿着一件白衬衫,扎进装着啤酒肚的西裤里,腰带勒出一圈肉,脚上是一双永远擦不干净的皮鞋,一副老气横秋的样子。看得出来,他平时一定缺乏体育运动,一身赘肉,毫无青春朝气。大哥第一次见我,就把我约到了他的办公室,说他是我的老乡,有什么事情都可以找他帮忙。说实话,大哥长相并不难看,人也热情,但我看着他,却很难联想到"谈恋爱"三个字。简单聊了几句后,我就以工作为由,回去上班了。第二次大哥约我,把我吓到了。那是一天晚上刚下班,他说他有车出门方便,带我出去吃个饭,然后请我捏个脚,放松一下。现在想想他说的"捏脚",估计是真的好心带我去按摩一下,放松放松。但是,当时我心头瞬间涌出了一股恶心,竟然有这么个油腻男,话都没说几句,勉强算是刚认识,就请我去捏脚,实在是尴尬,而且我也没有捏脚这种爱好。所以,那一晚,我连晚饭也直接拒绝了。其后,大哥估计是看出我对他实在半分意思都没有,一直躲着他,就没怎么和我联系了。之后偶尔一次聊天,听母亲说起,我才知道大哥的父母往我们家里打电话,表示他们家关系地位过硬,只要嫁给他儿子,就帮我解决"编制"问题,让我从台聘员工直接转成事业编。而且还说他们为儿子准备齐了好车好房,儿子是公务员,工作稳定,条件有多好之类……我母亲第一时间就拒绝了,说恋爱的事看孩子自己的心思。

虽然编制并不是我看中的,但是对于一个在小城市工作的人来讲,"编制"何等重要。再加上"婆家"的地位和经济条件非常不错,在小城市过上那种衣食无忧的日子，是很多和我条件差不多的女生梦寐以求的生活。我记得大学时期，最后一次就业大会上，学生会主管就业的老师在台上说，只要有"编制"的工作，哪里都可以去，哪怕是县级电视台，这也是一份好工作。多年之后，我猜想，在当时那个年代，很多学生对"稳定"的执迷，是不是来自这些见识有限、视野有限的老师的教诲呢！但是，大房子和"编制"并不能吸引我"以身相许"，在我看来反而是一场笑话。对于初入社会的我而言，最关心的就是自己的职业发展，要趁年轻努力实现自己的理想。

然而，同事们每天聊的事情，都是东家长西家短，以及人与人之间的那些芝麻绿豆大的纠葛，实在是缺乏营养。起初我还礼貌性地参与，因为她们总是习惯性地打探我的隐私，时间久了，我觉得实在无趣，躲得远远的。我记得一个同事好心劝我："在咱们这个地方，女孩过了26岁可就是老姑娘了，不好找对象了，你可一定要抓紧啊，就这几年时间能好好挑一挑。"听到过了26岁就是老姑娘这句话，你可能想极力反驳这个人的观点多么荒唐，但是那位同事真的是好心，毕竟她自己就有这样的亲身经历，也看到了身边的"老姑娘"有多难嫁。这是小城市的大环境使然，和我一起入台的女同事们，果然一两年都结婚生孩子了，凭借自己主持人的身份，找个经济条件好的婆家，过上了稳定的小日子。虽然，我当时并不清楚自己以后想过什么样的生活，但有一个冥冥中的目标在感召着我，去一个更大的地方，我必须走。

于是，短短半年之后，我开始一边工作，一边坐长途汽车往返北京找工作。几个月下来，面试都不太顺利，想找一份对口的工作并不是那么容易。当时也有一些小的电视节目制作公司招聘，但公司小到让你都不放心去工作，它们基本都在一些居民楼里，连一间像样的办公室都没有。公司接了某个节目，需要个外景主持人，自然就需要用你，但是哪天节目没有了，这个职位也就不存在了。几个月后，一个偶然的机会，我在网上看到一个中学在招聘，其中需要一名男主持人和一名女主持人，内容主要是主持校园活动，顺手就投递了一份简历。当时我并不了解，那是中国最顶尖的一所中学，能够进入那所中学读书，比考上北大清华还要骄傲。这所中学毕业的学生，在清华校园里还会时常穿着高中校服，因为那是一种"身份"的象征，可见这所学校的实力。经过6轮面试之后，我终于成了6000多人中幸运的11个人中的一个，当时录取的11个人全部都是各大顶尖名校的研究生。我和男主持人的学历最低，对我们俩这个特殊岗位，放宽了一点。其中，男主持人毕业于中国传媒大学，专业和形象非常好，我因为积累了一年的业界经验，凭借着自己的专业能力，也被录用了。入职之后会从事什么样的工作，以及今后会不会离开我热爱的播音主持舞台，我并不知晓，但是，当时我有一个清晰的目标：进京。去北京是我改变的开始，我必须去看看更大的世界。

放弃这份能够干到老的稳定工作，不一定人人都有这份魄力。毕竟离开自己的家乡，意味着一切未知，一切还要从零开始，而且未必能够在北京"漂"出个名堂，但我义无反顾地选择离开。离职那一天，是一个星期五，我记得很清楚。我写了一份离职报告，推开了那个"部门主任"的办公室门。进去之后，发现她正在擦眼泪，原因是看到某位著名播音员去世的消息，实在太难过了，然后就当着我的面一直在哭。我丝毫不能感受到她有一点真心难过，只觉得眼前这一幕十分滑稽。同事告诉我，她就是个高中毕业生，可能一天正规播音主持培训都没接受过，甚至连主持人播音业务好坏都分不清，却硬生生地成了"业务指导"，具体资历我确实没有调查询问过，但常常听老同事们提起。终于等她哭完了，我递上了辞职申请，至于那天具体谈了什么，我早就忘了。

回到宿舍，我风轻云淡地就像平日一样，什么也没说。第二天早上醒来，宿舍里只剩下我自己。我收拾了行李，打了个电话给发小，让他开车来接我，带着所有的行李离开了。我没有和任何一个同事告别，就这样静静地走了。我能猜想到星期一来上班的时候，他们发现我不在这里工作了，大家会怎样兴奋地议论，但那些事情和我都没有什么关系，也并不重要。不知道自己当时为什么会选择这样的方式离开，但我确实那样做了。

八年之后，一个偶然的机会，我被派到那座城市出差，而且是和当地的电视台主持人同台合作主持。演出结束之后，我搭那位主持人的车回到了曾经工作的广电大院。直播间和办公室还是当年的样子，一切都没变。我还找到了当年自己的宿舍，在门外站了许久，那间屋子原来那么小，楼道那么破旧，可当时的我完全没有觉得"条件艰苦"。记得那时候每晚都只能在男厕所洗澡，因为热水器装在了男厕所里，等同事们都下班回家了，我们趁着月黑风高走进男厕所，当时有地方洗澡就已经很满足了。当年的领导都退休了，很多同事也离职了。我还遇到了当年一起入台的一个女主持人，她已经升职为中层领导，孩子都长到能"打酱油"的年纪了，她还是当年的发型，当年的性格，但我们已经变成了"两个世界"的人。

　　自那之后，我再也没有故地重游，那段短暂的职场时光，就定格在了那里，一切恍如隔世。年轻的时候，冲动也是一件好事。环境可以改变一个人，但你也可以改变环境。当你与周围总是格格不入时，不妨考虑一下，是不是该动一动了。如果你是一条鱼，河里不舒服，就去海里试一试。世界大了，豁然开朗。

如果看不清未来，请着眼当下

每个人都希望为自己谋划一条精准的人生之路，最好少走弯路，能最大限度地实现目标。但是，在人生的一个又一个岔路口，我们不可避免地面临选择，也少不了一次又一次迷茫。我们生怕看得不够远，一不小心走错了路，或者一不留神错过了什么。一直以来，我都是一个由着性子做事的人，只追求自己喜欢的，其他的方方面面，都没有花太多心思琢磨。所以，每当我听到身边的未婚女性们叨叨，买房子一定要买学区房、找老公一定要有北京户口、出差太多以后不能照顾孩子的工作不能干……我都会感慨，相比之下，自己实在是太不精明了，这些现实问题总是不能排在我的考虑因素前列。未雨绸缪是好事，但是为了不确定的未来，便舍下自己的喜好和发展，我可能真的很难做到。从二十几岁开始，我的目标就十分明确，而面对一次又一次的选择，我总会果断地走自己的路。有些时候，我们太过焦虑，恰恰不是为眼前的事情所困，而是为不确定的未来担忧。在我的职业发展中，经历过几次关键性的转折，我曾两次从稳定的事业单位辞职，不断把自己置身于求职的焦灼之中，但每一次，我都距离自己的理想更近了，回头来看，从未后悔。

　　来到北京之后，我的第一份工作是在一所"神话"般的中学工作，这所中学的发展是一部传奇。它目前是全中国最好的中学，可能是因为我曾经在那里工作，所以在我心里，它的确是最好的。作为一所中学，在十几年前就有 100 多门选修课，甚至包括甜点烘焙课、Photoshop 课，等等，内容丰富到超出你的想象。这里的毕业生，每年有 100 多位考上北大清华，还有很大一部分去了世界顶级名校，诸如哈佛、剑桥等。学校里流传着这样一个"梗"："你要是不好好学习，只能去隔壁读大学了。"隔壁其实没有那么差，也是一所国内一流学府。学生们的优秀和博识也常常鞭策着老师们前进。我曾经给学生演讲比赛担任过一次评委，有一个小姑娘直到现在我都印象深刻。她穿着校服，个子不高，梳着两个小麻花辫，圆圆的脸蛋儿特别可爱。演讲一开口就是"我爸爸在联合国……我想要为促进世界儿童……"演讲比赛中每一个学生都能熟练地使用英语，每一个都去过好几个国家交流访问，他们的视野早已放眼全球。记得还有一次，有个学生来校庆办公室做"小助理"，一个高中生，完全可以熟练地编写策划方案，协助老师组织各种活动。这种能力是我在大学社团时候才练就的，高中时的我，比人家可是差远了。除了与其他国家的中学交流活动，学校每年还会组织学生参加各种国际比赛和演出，例如足球、交响乐、合唱等，拿下过不少国际奖项。我一直认为，孩子们早早见世面是一件好事，正是因为他们看到了更大的世界，享受了更好的教育资源，才能拥有更高远的目标。

　　学校里的任课教师不乏北大清华的博士，我的学历确实在学校年轻老师一辈里算是很差的。这只是我当年的了解，估计现在教师队伍会更加优秀，特级教师会更多。尽管我有很多优秀的同事，学校的福利待遇也不错，但是我还是待不下去了。在学校工作的一年，基本上做的都是行政工作，组织校友活动、主持校园论坛等。虽然工作没有那么忙碌，精神压力也不大，但是离开播音一线工作的苦楚让我坐立难安。作为一个刚刚毕业一年多的播音生，做一名节目主持人依旧是我的梦想。离开媒体工作，就意味着我离开了传媒行业，离开了自己所学的专业。虽然校园活动中我也经常担任主持人，但是这种形式的主持人并不是真正意义上的主持人，我十分怀念做一个真正的主持人。办公室的同事们都劝我，这份工作来之不易，过五关斩六将，好不容易进来了。另外，过几年再盖房子，可能会有福利购房的优惠资格，一下子就能省好几百万。最重要的是，孩子可以从幼儿园到高中，一路在附小、附中读书，这可是无数家庭梦寐以求想进都进不来的学校。办公室的姐姐良言相劝："为了孩子，你也不能走。"那年，我才20出头，别说是孩子，连老公都还没有。我知道她们说的都是肺腑之言，能够拥有一份稳定、舒适的工作，对于女孩子来说，是一件难得的好事，更何况可以解决孩子以后入读名校这样一个大问题。但是，对于我来说，前路太过渺茫，我必须先为自己打算。至于孩子，对于当时的我，那是非常遥远的一件事。辞职的时候还有一个小插曲。我到人事办公室办理离职手续，办公室的老师不会办理离职，她说从来都没有人离职。我就自己写了"现已离职，特此证明"几个字，让她帮我盖了章，以备我之后求职使用。回办公室的路上，我遇到了舞蹈老师，她听说我要走，焦虑地看着我问："你真的要走啊，那以后怎么办啊？外面能行吗？"我说你放心吧，我去意已决，我一定会过好的。就这样，我结束了"梦幻中学"一年的工作。对于这所学校，我是心存感恩的，因为这里拓宽了我对教育行业的认知，也给了我在北京安顿下来的机会。同时，也要感谢当年把我招聘入校的几位领导和并肩作战的同事们。

稳定安逸的时光结束后，我入职了一家胡同里的小传媒公司，主要工作内容是录制音频节目。这家公司的工作环境让人绝望，公司里的人每天脸上写满了疲惫，像是一只蚂蚁，忙忙碌碌却又看不到未来。工作内容也毫无成长性，制度严苛，人际关系复杂。幸运的是，还没等我正式"上手"，短短20多天后，我的一位师姐给我提供了一条招聘信息，推荐我入职一家上市集团，担任网络电台和网络视频节目主持人。就这样，我的职业生涯又慢慢回到了"正轨"。

正是这一年的"走偏"，让我之后格外珍惜播音主持岗位，珍惜自己的职业生涯，因为离开的痛苦我已经深深体会到了。人生处在灰暗的时期，不能做自己喜欢的事情，看不到自己的价值，这会让一个人渐渐失去自信。我一直认为，人这一辈子，如果不能从事一份自己热爱的事业，或者做点自己喜欢的事情，那该多么无趣啊！多年之后，我常常思考职业生涯中的几次选择，对我而言，每一次都是阶段性的成长。随着年龄的增长，身边生育的朋友越来越多，她们也常常念叨："你怎么当年能从那么好的学校出来呢，你知道孩子上好学校有多难啊！至少可以省出大几百万的一套学区房呢！"每次听到这样的话，我都是一笑而过，很多事情无须解释，因为只有自己最懂。直到现在我也没有生育，如果当时不离开那份工作，岂不是白白浪费了十几年的光阴。

有些时候，我们确实要为将来打算，但活好当下也是一条出路。人这一辈子不光要考虑别人，更要考虑自己，这不是自私，而是选择。因为只有自己活得幸福，才有能力让身边的人幸福。假如我没有离开中学，以后让自己的孩子顺利入校了，那么，一个找不到自我价值感的妈妈，可能对他的成长更加不利。因为不能实现自我价值所带来的一系列挫败心理反应才是最可怕的，这只能给家庭和情感带来不良影响。这种自我挫败感，别人不能够为你承担，又无法帮忙，金钱也无法解决，它会让一个人渐渐失去自信。所以，我们看到很多家庭主妇，在离开职场之后，又在重新寻找自己的价值。我身边也有不少为了家庭、为了孩子、为了老公舍弃自己事业的例子。每次交谈，总能感受到她们的遗憾，曾经她们都是很优秀的人，而如今只能把这种成就感建立在培养孩子、照顾老公身上。如果家庭关系崩塌，她们也随之崩塌了。每个人的人生目标不同，有人只想把所有的精力投身于家庭生活中，做一个优秀的主妇，而有些人则希望在社会中找到自己的位置，发挥自己的价值，我显然属于后者。无论怎样选择都没有错，但前提是尊重自己的真实意愿，对自己充分了解。作为女人，你不可能永远牺牲自己，过度的牺牲不一定能够换来期盼的结果，反而容易让自己迷失。反观自己十多年的职业历程，收获颇多，这种职业的成就感是任何东西都无法替代的。如果当年为了"可能有也可能没有的未来孩子"牺牲掉自己的职业生涯，我想才是大大的不值得。时光一去不复返，青春之时，我们最该想想，自己要成为一个怎样的人。

如今的城市大环境，无形中给人们带来了各种各样的焦虑。我们总是期待利益最大化，生怕因为自己的某些选择，不小心走错路，或者错过了什么。但是，无论你在以怎样的状态生活，都别忘了倾听自己内心的真实声音。找准我们在这个社会的定位，实现自己的社会价值，才能不迷茫，不随波逐流。因为一路走过来，你遇到的风景、你面临的压力会层出不穷，那么，走好自己的路，坚持心中的理想，靠的就是这份定力，你需要给自己一份勇气。当我们被社会大环境裹挟的时候，只有你清楚地知道自己想做什么、要做什么，才能更好地面对各种焦虑，知道自己该做什么。只有这样，才能在人生一个又一个的岔路口，更加从容地面对选择。

执着的爱好，女人一生的伙伴

这么多年以来，我脑海中总会时而浮现出一个画面，冬日午后温暖的阳光从大大的落地窗洒进来，我躺在地板上，空旷的舞蹈练功房只有音乐、镜子和把杆。那是我大学校园的舞蹈教室，每次想到那里，心中总会涌起无限美好，那是一种无法言说的幸福。曾经，我无数次将自己沉浸在这样的环境中，仿佛世界刹那间只有我自己。虽然那时候我还没有接触心理学，也从未听说过"舞动治疗"，但我却用自己最简单、最熟悉的方式，在音乐中即兴舞动，用肢体语言调整自己的心情，表达各种各样的情绪。多年之后，我在机缘巧合之下，有机会系统学习德国舞动治疗，才恍然大悟，原来我很早就"朴素"地这样做了。

说起自己的爱好，我最喜欢的就是跳舞，时至今日也没有放弃。虽然因为工作原因，每周训练时长有限，但我依旧想尽各种办法，寻找适合自己的舞种和培训机构，抽出时间跳舞。但是早年间，我并不知道自己有这样的"天赋"。直到初二那年，因为要参加一个全国主持人大赛，其中有一项考核内容就是"形体"，我才迫不得已练起了舞蹈。我当时所在的小城艺术培训非常不发达，以至于家里费尽周折也没有给我找到舞蹈老师，无奈之下，我灵机一动买了一盘新疆舞教学 DVD 光盘，每天对着电视开启了自学模式。就这样"临阵磨枪"，竟然在比赛中"蒙混过关"了。初赛的时候，我的形体展示是广播体操，但是复赛的时候，我就能跳一个简单的舞蹈作品了，这其中的功劳全要归于那张 DVD 光盘。还好当时形体成绩并没有算入最后的总分，但总算没有拖后腿，让我顺利地取得了决赛资格。从那以后，我就时常在家里的小院"瞎跳"，看到电视上好看的舞蹈作品就跟着"瞎学"。初中毕业后，我考入市里的重点高中，入学后，学校舞蹈团招新，我就抱着试试看的心态勇敢报名了。舞蹈团每周定期开设培训课程，还配有专门的舞蹈老师。我又拿着当年的"三板斧"，通过了学校舞蹈团的招新考试，从此，才有机会系统地接触舞蹈这门艺术。承蒙"祖师爷厚爱"，虽然当年我已经 15 岁了，对于学舞蹈的孩子来说有点晚了，但好在先天的"软开度"还不错，没有让我吃太多苦，"毯子功"已经来不及练了，但是其他技巧动作还可以拼一拼。高中时，有一段时间，我曾经在校园广播站执勤，我清晰地记得，广播站是一间西向的落地玻璃房，每到傍晚的时候，我一边播放着校园广播里的音乐，一边在空旷的屋子里跳舞，夕阳的余晖透过玻璃窗照射进来，一切都那么美好。那个时候对于未来，我还是一片茫然，不知道自己以后会在哪里生活，会从事一份什么样的职业，又会有怎样的人生。升入高三后，有一天音乐老师找我谈话，想把我转成艺术生，让我报考舞蹈专业。我很清楚自己的身体条件和技术水平离一类专业舞蹈院校的标准差得太远，并且我的文化课成绩并不差，所以直接拒绝了。舞蹈对于我来说，从开始就是一项爱好，它不能成为我的职业。高中时代，在紧张的学习之余，我参加了不少舞蹈演出，有时候为了参加团体比赛，还挤出宝贵的晚自习去训练。现在想想也不后悔，毕竟这些经历为我积累了最初的舞台经验，还练就了一项特殊技能——快速换衣服。因为衣服换得太慢，你会赶不上登台，一场晚会有时候要表演四个舞蹈。所以，演员们都匆忙在后台换衣服，也不会讲究什么男生女生分区，因为每个人都只顾着赶快登台，有时候还要准备道具，哪有时间看别人。所以，直到现在，我换衣服的速度都比一般人快，也不讲究什么更衣室条件。高三那年，我一时兴起，剪了短发"播音头"，这可把舞蹈老师气坏了，说哪有舞蹈演员梳短发的，上台怎么造型啊！我这才突然意识到，任何爱好都是有牺牲的，有些事情不能为所欲为，既然喜欢，就应该全情投入。

　　进入大学校园后，我顺理成章地考入了学校舞蹈团。比起高中时期的舞蹈训练，各方面条件更好了。舞蹈教室更加宽敞，舞蹈老师更加专业，训练更加系统化。那时候，每周一、三、五中午和二、四下午，舞蹈团都要练功培训，遇到比赛，周末还要加练。所以，为了方便，有时候我干脆穿着练功服和爵士靴去上课，班里的同学看到我的打扮，也渐渐习以为常。刚进舞蹈团的时候，我跳得不算好，一直站在最后一排，每次走进练功房的时候都怯怯地，生怕得罪了哪位师姐。我一直认为，对于舞蹈演员来说，登台表演也有它残酷的一面。每个舞蹈作品站在最前面的大多只有一个或几个位置，大部分舞蹈演员的位置都在后排，这也就意味着，你吸引观众注意的机会不多，甚至很难被看到。站在最前面，是每一个舞蹈演员的目标。舞蹈团排练的时候，每一个动作都不能松懈，因为位置随时有被替换的风险，而我能做的，就是每一次排练、每一个动作都尽到自己最大努力。非常幸运，两年后，我成了舞蹈团的领舞演员，正是在这样漫长又艰难的过程中，我磨炼了意志，也找到了另一个自己。

播音班的同学们管我叫"舞疯子"，因为我把大学三分之一的时间都拿来跳舞了。还有同学笑话我傻，嘲笑我说"跳舞能帮你解决工作吗？光干这些没有用的事"。比起他们，我确实不那么"现实"。在西方哲学课上，几乎所有人都在偷偷背英语单词，只有一两个同学坐在前排听老师讲课，其中就包括我这个他们眼中的"傻子"。虽然那时候我并不知道如何反驳他们，也并不知道这样做的意义，但单纯的我，依旧做任何事情只凭兴趣，完全不会考虑太多功利因素，没有受到太多环境影响。若干年后，我庆幸自己的选择，因为这些看似"无用"的东西，让我受益终身，拓宽了我生命的宽度。

有些人拓展兴趣爱好，并不是因为喜欢，而是为了"装点门面"或者得到某种利益。但我认为，这样会丧失爱好本身带给你的乐趣。热爱是最好的动力。只有真心的热爱，你才会把它做得更好，它也会给你带来意想不到的收获和价值。一项炙热的爱好，不仅可以带给你一份陪伴，也可以带给你无限的享受。对于世界，你又多了一种认知方式；对于自己，你又多了一个了解维度。而其他收获，只是随之而来的附加值。

人的一生，如果没有一项或者几项爱好，那该多无趣啊！相信在追求的过程中，你一定会发现一个更好的自己。

什么是毁掉你的"时间杀手"

我是一个对电子设备要求不高的人,老手机已经工作了三年多,虽然速度有点慢,但还能凑合,于是换手机的任务一拖再拖,新手机已经到货在家,但我一直没换。可偏偏就这么巧,一天下午,我的手机不小心在单位厕所"摔了一跤",直接黑屏了。坏掉的那一瞬间,我甚至还有点不相信,希望它能"缓"过来。虽然黑屏了,但是它还在工作,我在旁边听着微信叮叮当当不停地响,但就是看不到,不知是谁在找我。

起初我的心情非常平静,没有手机,正好安静几个小时,掏出了两本书,默默地看起来。可不到一个小时,我就坐不住了,脑海中一直飞出不同人可能要找我的念头。电脑里能够翻出的仅有几个电话号码,拿起座机先给领导打了一个电话,告诉她文件稿子都要发邮箱;又给同事打了一个,嘱咐她所有单位信息、通知都帮助自己回复解释一下。要熬到晚上11点才能下班回家,这几个小时中,到底会有谁找我,又会有什么着急的事情呢?

回到家后,我第一时间拿出了新手机,以最快的速度插上卡,果然手机叮叮响个不停，看了看有几十条微信。逐一打开后，发现并没有什么特别重要的信息，也没有错过急需解决的事情，心里这才踏实了。有时候，我们很怕与这个世界失去联系，那一刻才发现，你与他人的链接是如此迫切。但是，也正是这种害怕"失联"的焦虑，让我们少了一点自己安心独处的时间，注意力很容易不断地被一条又一条的信息打断，生怕会错过什么。

因为工作性质原因，我养成了"24小时待机"随时候命的状态，也正是常年的习惯，不断增强了我对手机的依赖性。手机离身，会格外焦虑，感觉总要有事情找我。其实有时候并没有那么急。反思自己的这份焦虑，是急需调整的，否则这种情绪可能会泛化影响生活的其他方面。但除了必要的工作需要，手机也承担了我们所有的社交联系功能，每天我们在手机上浪费的时间并不少，比如刷短视频、浏览微博、逛淘宝，等等，还有一些是无意义的社交。有时我在想，我们对外部世界的需要，可能远远大于世界对我们的需要。

疫情期间，每个人大部分的时间都躲在家里，聚会少了，和朋友们的往来也少了。对于喜欢"群居"的人来说，这简直就是一种致命的打击，因为不得不面对没有朋友的陪伴。但是，经过隔离，不少人有了新的体会：原来你并不需要那么多的社交生活，有些人真的不见也行，原来认为的必要来往并没有那么重要。

从我自身的观察和体会来看，20多岁的年轻人更喜欢"群居"，一大堆朋友一起出去玩，有事没事办个party，或者流连在酒吧、夜店，总之，喜欢热闹。随着年龄的增长，很多人都有了自己的小家庭，反而"群居"的热闹少了，更喜欢简单的社交。就算是单身一人，也更倾向于独处，把更多的时间留给自己。记得刚毕业的时候，每周末都给自己安排点"节目"，在家里睡一天觉都觉得浪费，就算没什么聚会，也要和男友去公园溜达溜达。再后来，随着职业的发展，我每周都会参加一些活动，画展开幕、时装周看秀、电影发布会，等等，还有随之而来的很多应酬。这当中也认识了不少朋友，有些很聊得来。但是，最近几年，我似乎对这种社交生活感到十分疲惫，很少出门。我开始选择，哪些是"无效社交"，哪些是真正有意义的来往。但是，我不反对年轻时在精力充足的条件下，多参加活动或者多出去玩，女人是需要见世面的，世面不仅仅包括"事儿"，也在于人。但是，一个活动、一次聚会究竟能给你带来多少益处？是否值得你投入相应的时间成本和精力成本，我想要打一个大大的问号。尤其是很多社交，无意中影响了你的情绪，或者让你变得更加浮躁、焦虑，甚至影响了你的休息和工作，那么，不去参加也是好的。如果社交是你逃避孤独的一种手段，那么，热闹过后的寂寥大概更让人难受吧。在社交的精疲力尽中，我们可能失掉了健康，失掉了陪伴家人的时间，失掉了静心独处的时间，失掉了学习的时间，哪一样不是更值得投入呢？

对于那些一面之缘的朋友，大多都难以有"下文"。维系友情也是需要投入巨大精力的，对于越来越忙碌的中年人来说，社交的最大成本往往不是金钱，而是时间。如今在快节奏的生活里，我们总是说"有时间一起吃饭""没事聚聚"，但多数情况下都是一种寒暄，因为彼此心照不宣，见面的概率很小。在一个交通拥堵的大城市，就拿我生活的北京来说，见一个朋友，来回路上需要将近三个小时的时间，因为我们可能一南一北、一东一西。加上吃饭或下午茶的时间，基本一天就这样过去了。对于大部分人来说，一周只休息两天，见一面还真是挺奢侈的。所以，在有限的时间里，我们把精力留给了非见不可的人，至少是真心想见或不得不见的人。而大部分所谓的"朋友"就停留在手机里，成了所谓的"点赞之交"。虽然朋友不少，但是在你生病急需人照顾或者深夜情绪崩溃的时候，翻出通讯录，能打过去电话的人不见得有几个。随着年龄的增长，也许朋友不会越来越多，而是越来越少，不需要刻意取悦某人，是一种幸运。

所以，当我们放下手机时，真正让我们放不下的是什么呢？这种害怕失联的焦虑又出自何处？这次的"手机事件"给了我难得的几小时，让我有机会好好地反思，有机会与这个世界脱离几小时。那些你在手机坏了的时候还想要迫切联系的人，大概才是真正重要的人吧。

前几年，很多人还在谈论"手机依赖症"的问题，但是近来，这一点被提及的越来越少了。因为现代生活方式的改变，让我们不得不依赖手机。我们生活的方方面面都需要手机的帮助，没有手机，寸步难行。但除了必要的生活应用，有些时候，我们对手机的心理依赖，恰恰也是一种焦虑的体现。偶尔放下手机，放空自己，哪怕每天只有30分钟的时间，也是一种休息。我自己有这样的体会，有些时候把手机关成勿扰模式，会感觉世界无比清净，工作或者学习效率也会大幅提高。而随后，我又尝试每周减少非必要的社交，渐渐从关注外部世界到更多关注自己的内心，反而觉得生活平静了许多，可以更加深入地阅读、思考。

依赖手机并不可怕，可怕的是我们的内心再难回归宁静。正所谓

"静能生定，定能生慧"，有些时候并不是行动比思考多，就一定跑得更快。在繁杂的世界中，保持一份清醒，是何等的重要。每天减少一点看手机的时间，减少不必要的社交生活，把精力多留给更有意义的事情，也许你会有新的收获。

日子不是光鲜的外衣，学会为自己而活

从小到大，我似乎都不是个会为自己"打算"的人，很多事情都是顺其自然，也不太在乎别人的看法。每每看到身边有人把所有的事情都安排得井井有条，不禁佩服。当然，所有选择总会存在一定局限，"精明反被精明误"的情况也不在少数。

小美是我曾经的一个实习生，小姑娘聪明伶俐，很会说话。她出生在一个普通的工人家庭，靠自己的努力考上了北京一所二本院校，全家人最大的希望，就是她能够扎根北京，但家庭却给予不了太多物质上的支持。小美知道要想留在北京，只能靠自己。但是她没有背景、没有经济基础，学历也不算突出。在北京这样一个竞争激烈的大都市，二本毕业生很难敲开好工作的大门。面对现实，小姑娘并没有想到如何提升自己的能力，而是一直利用自己的外貌优势，想走依附男人这条路。

实习时，我看到有一个男孩总来接小美下班，他是小美大学时期的男朋友。男孩长得干净帅气，阳光的笑容里充满了孩子般的率真。这个男孩很爱小美，经常给她买礼物。小美消费不起的化妆品、衣服和包包，男孩儿都偷偷攒钱买给她。小美出生在一个小县城，初来大城市的她见识有限。男孩带着她一家一家餐厅打卡，带她感受繁华的城市生活。看到两个孩子牵着手走出大门，真为他们纯真的幸福感动。暑期实习很快结束了，小美和我也不再频繁地联系。快要毕业的时候，小美约我吃了一顿饭，想问问我，有没有好的工作机会介绍给她。交谈中得知，她和男朋友分手了。我好奇为什么分手，小美也没有掩饰，说男朋友实在给不了她太多，那个男孩也是外地人，虽然比她家条件好些，但以男孩的家境，在北京买房、买车还是有困难的，她不想一毕业就跟着男孩吃苦。我问她喜欢这个男孩吗？她说很喜欢，但是没有办法，爱情对于她来说，只是奢侈品。

没过多久，我看见小美朋友圈晒出了照片，她有了新男朋友，照片里的男孩样貌算不上出众，比之前的小男友差了很多，年龄也要大一些，但照片角落有意无意出现的车钥匙，让我一下子意识到了许多。突然有一天，我收到了小美的信息，说自己入职一家不错的上市公司，是男朋友为她"运作"了特殊的招聘通道，赶紧告诉我，让我帮她留意工作上的合作人脉。我劝她珍惜工作机会，好好锻炼自己的业务能力，其他什么话也没说。之后大概过了一年时间，一天晚上我正在看电视，突然收到了小美的电子结婚请帖。"姐姐，我要结婚了，一定来参加我的婚礼啊，你可是我的娘家人！"我打开请帖，仔仔细细地看了两遍，这新郎好像不是"解决工作"的那个男朋友啊，个头儿还没有小美高，修图过度的婚纱照都没能把颜值提升到大众水平。不知道小美的故事里又发生了哪些剧情。

婚礼当天，我真的被安排到了小美娘家亲戚的圆桌上。小美骄傲地向大家介绍:"这是我姐姐,某某节目主持人。"婆家亲戚客气地点头寒暄,我尴尬地连连陪着微笑。婚礼仪式上,一个奇怪的细节被我看到了。小美幸福地挽起新郎的胳膊,但新郎却无意识地向旁边躲了躲。新郎全程黑着脸,看都不看新娘一眼,一副很不耐烦的样子,只有新郎的母亲高兴得合不拢嘴。婚宴结束送客的时候,小美拉着我的手,告诉我这个新郎是之前男朋友的哥们,家里有三套房,有一套还是学区房,地段比之前男朋友家的房子好很多。自己几个月前就辞去了工作,因为男朋友的姥姥需要人照顾,就喜欢小美整天陪着她。看着小美一脸的幸福,我什么也没有说。婚礼之后,我就很少与小美联系了,偶尔刷朋友圈,能够看到她晒出的图文。"巴厘岛真美,第一次出国""人生第一个 LV 包,谢谢老公""巴黎圣母院,我终于来了!""香奈儿的味道真是很特别"……照片中要么是一堆带着 logo 包装的奢侈品,要么就是"黑脸老公"与她的合影。可惜的是,这些东西还真不是什么太贵的"大件",一般都是带 logo 的化妆品,包包也是最基础的入门款。照片中那男人依旧耷拉着脸,连伪装恩爱的表情都没有。几个月之后,小美升级为妈妈,朋友圈里晒出了她可爱的女儿。我们也渐渐成了真正的"点赞之交",连节日的祝福信息都断档了。

　　一天晚上,我洗漱完刚刚躺下,正要入睡,手机突然响了。我设置了免打扰模式,打开一看,里面有三个未接电话。是小美打来的,她说在我家楼下,想上来坐坐。一打开门,把我惊呆了,小美披头散发,穿着睡衣和拖鞋,怀里抱着睡着的女儿,她请求我收留她一晚。安顿好孩子后,小美还没有开口,便哇哇大哭起来。我一边帮她擦眼泪,一边听她断断续续讲缘由。不用问也能猜得出,她一定是和黑脸老公吵架了。原来,这几年小美的日子过得并不好。她精挑细选的老公,并没有什么"大本事",只是福利不错的公司的普通员工;公婆也只是普通的退休工人,并不是她吹嘘的退休干部;婆家确实有三套房,两套在远郊区,另外一套是城里的"老破小",但这是她能够攀附上的最好条件的婆家。老公玩心不死,一直在外面拈花惹草,娶个老婆只是为了满足家里人的要求,生个孩子完成老人的夙愿。她的老公从来都没有真正爱过她,只是需要个听话的老婆,一个愿意陪伴家人、伺候老人的媳妇。小美说,对于这个"黑脸老公",她一点都不爱,但是生活所迫,这就是一个普通女孩应该走的路。除了大学那个男朋友,之后每一个男人都不是小美喜欢的。小美说甚至在刚认识这些男人的时候,约会都觉得有点恶心。但小美说,她必须这么做,她的家庭不能给她任何帮助,她想要留在北京,只能靠自己,这是她最好的出路。她的父母以她为骄傲,因为她嫁到了北京,完成了家族几代人扎根大城市的梦想。她不敢告诉父母自己寄人篱下,在她看来,就算委屈自己也值了。她并不喜欢在家伺候黑脸老公的姥姥,也不愿意陪公婆吃饭,婆家从未给予她应有的尊重,话里话外经常给这个外地姑娘脸色看。她并不是没有事业心,但如今连份像样的工作都难找到。她生活在自己一手缔造的幸福假象中,靠麻痹自己度日。她认为,对于她这样的女孩,是没有权利选择爱情的,只能选择生存。

小美流着眼泪说,如果人生重新来过,她很想嫁给自己大学的男朋友。那个阳光男孩上个月结婚了,小美没想到那男孩如今在北京也买了房子,听说男孩对老婆特别好,夫妻俩很恩爱。一路走来,小美做了很多自己不情愿的事情。她并不喜欢法律专业，是父母听说做律师挣钱多，才让她报考这个专业。她的职业理想，是做一名记者，她对传媒工作更感兴趣。从小到大，小美要么为父母活，要么为家族活，要么为了眼前的利益而活，如今有了孩子，她又想为了孩子继续委屈下去。小美说，她好像从来没真正地为自己活过，十几年了，干的都是自己不喜欢的事。为了现实，压抑自己已经成为一种习惯。每做一件事情，她都会不自觉地计算利益得失，唯独忘了问问自己的心。我们聊到深夜，这一晚，眼前的这个小美让我感受到了真实与鲜活，我似乎第一次认识这个女孩。第二天一早，小美带着孩子回家了，她说很抱歉深夜打扰我，改天要请我吃饭。那个理性玲珑的她，在天亮的时刻又回来了。直到现在，因为各种原因，我也没等到小美的那顿饭。不知道在某个夜深人静的夜晚，那个被压抑的真实的小美会不会再次爆发出来。正如我安慰她的那句话：我只希望，她能为自己而活。

在我们的身边，活得很"现实"的人一定不在少数。有人夸他们是"人间清醒"，也有人认为拿到"利益"才是最实在的。但是婚姻和恋爱毕竟夹杂着很多情感因素，它不是一桩买卖，不能够完全用金钱得失衡量。小美选择了"利益最大化"，可到头来可能丢了最宝贵的幸福。这样的选择，能否算得上是"人生赢家"，我想答案还要她自己来衡量。有些人精于算计，但是到头来可能发现"丢了西瓜捡了芝麻"。对于小美的观念和选择，我并不认同。任何一个人都有选择幸福生活的权利，只是每个人对幸福的定义不同。有些人可以阉割掉自己的精神需求，完全妥协于物质，但有些人却做不到。至于爱情，更是不能和金钱画等号，从未有权威观点指明，没有钱就不配拥有爱情，或者说穷人就永远没有得到真爱的机会。自己的执念，无非是给自己的选择不断合理化，反复告诉自己没有走错路。在小美心中，首要利益是获得更好的物质条件，她只不过是牺牲了其他方面，其中也包括自己的幸福。比起她自己，她更在乎别人怎么看、怎么想，她活成了别人眼中的骄傲，别人嘴里的成功。可这一切，真的是她自己想要的吗？日子过得舒心么？幸福与否只有她自己知道。虚荣是一件外衣，纵使再华丽，也总有脱掉的时候。同为女性，我相信如果依靠她的才华，她的勤奋，打拼出一份属于自己的事业，选择一个相爱的人，未必不是条不错的路，可能经济自由来得晚一些，但或许拥有得更长久。

在每一步选择之前，别忘了问问自己，这是我真的想要的吗？抛弃家人的指导、世俗的观念、环境的压力，我还会这样做吗？学会为自己而活，才是独立的必由之路。

第六章
学会疗伤，才能独立前行

学会独处,才能更好地安放自己

2020年,一场疫情突如其来,于是,大家开始被迫在家里"躲"疫情。起初,不用上班、居家办公或者被迫休假让人们欣喜若狂,可是,不到几天,很多人就待不住了。朋友圈里流传出"门前的树叶动了多少次,家里米缸有多少粒米……"的段子,无聊之下,这种娱乐精神,真是智慧可嘉。

印象最为深刻的大概就是"无聊"这个词,当你不能再出门逛街、社交、喝酒时,你该如何在有限的空间里,度过一天又一天呢?我想更多人是和自己的手机、电脑度过的。刷剧、打游戏、看综艺……再后来,朋友几个开始"云喝酒""云下午茶"甚至"云打牌"!面对居家不能外出的日子,人们想尽各种办法,驱散难挨的"无聊",扛住一个人的独处。这种"空洞感"有时会比挫折更容易击垮一个人,很多人都惧怕无聊,因为它肆无忌惮地发展下去,能让人们深深感受到更难挨的那两个字——孤独。

很多人都难以和自己相处,说白了,就是很难一个人长时间待着。面对疫情居家,如果家里还有其他成员,有爱人、有父母、有孩子，对于很多人来说还好过一点，毕竟，有人和你说说话，有人可以和你一起做很多事情。但如果是一个人长时间在一个有限的空间里，你会不会怕？

这时，有些人可能会用忙碌填满自己的所有时间，不停地工作，不停地赚钱，好像这样，自己的状态就会格外好，这样无暇顾及自己的情绪，以及那些积压多年还没有处理的"心理问题"，因为你根本就没有时间去想。当然有些人可能会反驳，认为这样才算是有"正事"，整天沉溺于什么所谓的情绪里，那是多愁善感，或者是个"小心眼""没出息"的人，不是个干大事的人。这一点，在很多男性中尤为明显。压抑情感需求，可以让他们以更好的状态投入工作中，这也符合社会对男性"要理性"的期待评价。但被压抑的情感和情绪不会消失，它们悄无声息地在潜意识里泛化，在你猝不及防时不经意间窜出来。所以，很多人只有在问题显现、不得不处理的时候，才去面对自己。

除了工作，有些人用不停地更换伴侣来抵抗孤独。他们很少有空窗期，刚刚结束一段恋情，就按耐不住寂寞，赶快续上下一段，不管喜欢不喜欢，反正有人陪就好。就算是没有合适的男女朋友，还可以用"短暂的男女关系"调剂一下。说到这，一下子让我想起工作中接触过的一位男性。他看起来文质彬彬，高大帅气，收入和工作也都不错，自己也是名校研究生毕业。但是，却很难和任何一个女性保持超过一个月的恋爱，每每快到一个月的时候，他就觉得对方"很烦"，反而习惯了短暂新鲜的"露水情缘"。起初，他总是找我聊天，问我有什么方法可以解决他的"无聊"，让他快乐一点。因为这种滋味并不好受，当他一个人独处的时候，他觉得很寂寞，但是两个人恋爱的时候，他又想一个人待着。任何娱乐项目都"玩够了"，甚至女朋友都快谈够了。从交谈中，我能感受到这个人非常浮躁，因为只是随便交谈，并不是咨询关系，所以，我试图给出一些引导和建议，希望他能够觉察自己，反思问题所在。但是他却表现出强烈的"阻抗"，对我进行攻击，并试图证明自己"很好"，证明自己的生活方式有多么"现代"。几次之后，他不再找我聊天了，因为他说，我话不多，但每句话都很扎心，事实上，我也十分不喜欢和他聊天，因为他并不是真的想解决问题，而是闲得无聊，找个人聊天打发时间，我又何必要帮助一个非要装睡的人。我曾经建议他去找心理咨询师，认真地对待自己所出现的问题，但是被他拒绝了，他说他过得很好，去心理工作室的人都有病。很可惜，几年下来，他的"无聊"感越来越强，对于生活越来越迷茫，现实问题越来越多。频繁地更换工作，频繁地换城市，很难在一份工作中坚持下去，经常几个月就辞职了，四处游荡一阵子，需要钱了再去找"下家"。并且也不能够真正走入一段感情，依旧是恋爱相处没几天，就因为各种原因分手了。这几年我们也不再有任何联系，不知道他是否还在这样坚持。

还有一些人解决孤独的办法是结婚。先别忙着否认，有些人真是这样做的，不信你可以仔细观察你身边的一些人。有一次，我刚刚结束在一个机构的讲座，一个工作人员送我回家，她是一位漂亮的女士。路上她得知我是单身，并且一个人居住，无意识地开口问："你一个人住，不害怕吗？晚上很黑的，我要是一个人在家里，我可吓得睡不着。"是啊，我确实不怕黑，否则我可能因为失眠早就神经衰弱了。这位女士23岁一毕业就结婚了，老公是自己的大学同学，早早生了孩子，过着小日子，对家庭格外依赖。她放弃了自己学了十来年的艺术专业，安心待在一个小地方，找了一份办公室闲职。我真心祝愿她，一生都可以享受这种陪伴。因为，如果哪天生活出现了变故，我怕她承受不起。结了婚，就可以不独处了，至少老公每晚会回家，而且情感关系更加稳定、长久。大概有些女人确实是这么想的，只要有个人陪着就好了，所以，日子过得不好，也继续凑合。因为害怕独处，有些人甚至不敢离婚，因为他们说"两个人的日子，总好过一个人"。对于他们而言，对孤独的恐惧要远远大于对婚姻不幸的恐惧。关于一个人住，还有好心的朋友劝我，找几个室友在单位附近合租一个房子。我很诧异地问为什么，她说"一个人住多无聊啊，几个室友住在一起，下班还能聊聊天，上班又近，为何要一个人过得这么苦！"一个人生活就很苦吗？我并不觉得苦，反而很享受一个人的生活。

　　还记得那些插手儿子感情的婆婆们吗？很多也是难以面对孤独。年轻的时候，有工作、有老公、有孩子，忙忙碌碌觉得很充实。退休后，儿子长大了离家了，老公不在了或是不爱了，自己整天在家都不知道做点什么好，折腾儿媳妇简直就成了最有劲儿头的一件事了，继续填满自己空虚太久的精神世界。当然，还有一个办法，就是"催生"，有了孙子、孙女就不再那么无聊了。很多父母着急催着儿女生孩子，很大一部分原因就是觉得自己退休后的生活很无聊，似乎一下子就没有什么事情可做了，如何实现自己的价值，发挥自己的作用，成为他们最苦恼的事情，因为很多人在年轻的时候就没有练就独处的能力。

　　很可惜，孤独在一生中是如影随形的。就算我们有爱人、有家庭、有父母，孤独也是无处不在的。很少有人能够一生中从来没有独处的日子。你用尽各种办法，逃避独处，不如学会享受独处。因为只有在独处中，你才能练就自己陪伴自己的能力。独处背后，需要一个人有着丰富的精神世界。因为当你的精神世界足够充盈时，你才并不急于用具体的事儿来填充时间。你能够享受与自己的相处，享受不聒噪的世界。

记得几年前有人给我推荐过一本书《孤独六讲》，作家蒋勋从不同角度讲述自己的孤独体验和思考，但是第一次读的时候，我没有太大触动。时隔三年，再次翻阅，才引起了我的共鸣。原因很简单，因为这其间我有长达一年多的独处时间，我把这种状态称为"闭关"，将社交活动降到最低，减少与外界的联系，除了外出工作和健身运动，其他时间几乎都是一个人宅在家里，阅读也成为我居家最主要的一种生活方式。一段时间后，我发现大脑腾出了大量的空间，可以更加深入地思考问题、存储知识，喧嚣少了，定力增强了，心境也清明了。从而也深刻地体会到书中序言里的话："孤独是生命圆满的开始。没有和自己独处的经验，不会懂得和别人相处。孤独的核心价值是跟自己在一起。"

因为不惧怕孤独，有了独处的能力，你可以更从容地好好挑选你的另一半，而不用急着随便找一个人；你可以有静心阅读的时间，深入拓宽自己的知识领域，而不必只满足于刷短视频的碎片信息；你也可以选择几样自己的爱好，深入学习，练就几项愉悦自己的技能。更重要的是，你有了更多的可能，观察自己，反思自己，发现自己，这些心灵的成长将让你受益终身，助你在之后的人生道路上走得更顺利。

如果有机会独处，那么，不要躲开，试着和自己多待一会儿。

不过问隐私，是一种修养

每个人都有点自己的私事，但是总有人爱打听，让你难为情。有人曾经和我抱怨说，咱们的文化传承里，缺少点隐私意识，似乎你的事情别人理所应当知道。我们讨厌别人打探自己的隐私，那么，不打听、不议论别人的私事，我们自己是否能真的做得到呢？

公开议论隐私的场景，在我脑海中印象最深刻的画面，一个是家族聚会，一个是单位闲聊。逢年过节，回老家亲戚聚会，你的收入多少、婚恋情况、工作变动等方方面面的信息，都成为亲戚们关心你的谈资，没结婚的劝结婚，没生孩子的劝生孩子，有孩子的还要劝生二胎、三胎。很少有人能够逃过亲戚们的连环追问，如果不回答，他们会认为你不懂事、没礼貌。那种搪塞过的不快之感，相信很多人都体会过。大部分人都不愿意因为这些小事和亲戚们撕破脸，大不了减少见面的机会，或者一走了之。打听隐私的亲戚们有什么恶意吗？也未必。无论是真关心也好，真嫉妒也罢，总之，就是让人不那么舒服。办公室当然是个人隐私的另外一个集散地，有些单位确实有这种"知根知底"的传统,你所有的生活情况都不是什么秘密。只是当着你的面和背着你的面,话锋味道不一定相同。虽然这些信息与他们的利益并没有直接关系。就算你谨言慎行,同事也总能在蛛丝马迹中窥探到你生活的一角。既然如此,有些人认为环境使然,还不如参与其中,图个痛快。

这让我想到了身边的一个朋友,一天,她哭着和我说:"我太难受了,每天都有人问我离婚的事。"这朋友离婚不到一个月的时间,虽然没有发朋友圈,但是人传人,很快大家都知道了她离婚的消息。每天关心她的微信和电话不少,被问及最多的一个问题就是:"你为什么离婚啊?我看你过得挺好!"为什么离婚?这个问题大概是离婚人士最难回答的一个问题。冰冻三尺非一日之寒,很多人每次说出的离婚原因都不完全相同,并不是哪次说了假话,而是原因有多方面,很难只言片语说清,更多时候,也未必想说清楚。对于一个刚刚离婚的人来说,这个问题无疑在不断重复地揭开她的伤口。我的这位朋友就遭遇了这样的事情,有不少人专门打电话来问她为什么离婚,还有人说:"我看你前夫挺好的,真是可惜了。"在说出这种话的时候,似乎这些人都没有意识到对别人的伤害,她的前夫好不好,你怎么知道?你每天和她前夫一起生活吗?一个外人,谁赋予你的权利,让你来随意评判别人的私生活!所以遭遇了回怼:"我前夫挺好,你和他过吧!"

打探隐私的背后,究其原因耐人寻味。在我看来,其中一点就是对别人关心太多,对自己关注太少。那么,为什么有些人总盯着别人的生活呢？我身边还真有这样的例子。记得上学的时候，我的同桌就是这样一个人。她和我同一个宿舍，所以几乎一天24小时都有一双眼睛在时刻关注着我。她偷偷观察我看什么书，我做什么题，我穿什么衣服，我和哪些人说话，我晚餐吃了什么，我熄灯后有没有去水房看书……这种被人盯着的感觉给我带来了极大不适。最可怕的是，她还专门模仿你，衣食住行都按着你的路子来。这大概是我收获的最早的一枚"粉丝"吧。当然，她的行为当中也有越界的行为。比如，她总想趁我不注意，偷偷看我的信息，看看我和哪些人来往；还有一次，趁我上厕所的时候翻我的书包，想看看我最近在看哪些书……这样的行为，除了能够让别人讨厌你，似乎不会带来更大的收获。但是，总有人乐此不疲，做着类似的事情。我的同桌信誓旦旦地和我说："我的目标就是超过你，这是我高三给自己立下的目标。"很可惜，她最终也没超过我，高考比我低100多分，还得了神经衰弱症。临近高考的几个月，她每天都靠吃安眠药才能入睡。一是因为长期睡眠不足，学习过于刻苦；二是估计心思太多，精神疲惫，压力过大。

刚刚提到的例子有些过于极端，但是总有些人忍不住盯着身边的人都在忙什么。背后的心理动机之一就是"我不能落后"。如果这份焦虑不影响你的正常生活，反而促使你更加努力，当然没有问题。如果别人的一举一动对你影响过大，让你每天处在焦虑之中，甚至决定着你的大部分选择，这就值得注意了。"人总是习惯性和与自己差不多的人比，而不会和比自己高很多或者低很多的人去比较"，这句话说得十分有道理。你身边的大部分人，比如同事或者朋友，差不多和你在一个水平线上，而这些人最容易成为你关注和比较的对象。"大家看起来都差不多，凭什么她过得比我好？凭什么她有的我没有？"这种心态你是不是很熟悉，无论来自自己还是他人。但是，你有没有想过，那些表面上的"差不多"，背后却存在着巨大差异。只是生命中的某个交叉线，让你们在某一个路口相遇，而你错把这些遇到的人都归为同一个梯队。比如，做着同样一份工作的人，可能在学历背景方面有相似之处，但是家庭出身、工作能力、见识格局不同；住着同一小区同样户型的人，可能收入水平相当，但是工作环境、社交圈子、生活习惯存在巨大差异等。所以，每个人都是一个特别的个体，是无数个综合因素造就的差异化明显的个体。而有些人，偏偏总喜欢和别人比较，方方面面都不希望别人比自己好。说到底，要么是缺乏自信，要么是自视过高。那些被拿来比较的人，无非看你也就是心中一笑，大部分时候为了面子而不会戳穿。

都说眼界决定格局，但有些人的格局就是怎么也大不起来。打探别人的隐私，如果能对自己的生活有所助益，也算是一件有意义的事情。但如果只是为了满足单纯的心理动因，那我劝你要学会克制。打探别人的隐私，除了给对方带来不适感，也会让自己的形象大打折扣。长久看来，这种行为是得不偿失的。该告诉你的，不问也会和你说；不想和你说的，你问也问不出来。所以，在适当的时候，学会闭嘴，也是不失优雅的表现。不过问隐私的背后，是对他人的高度尊重，也是对自己的高度尊重。因为在你心中，你知道无须了解别人做什么，你知道自己该怎样做，自己该向哪个方向走。过多的庞杂信息，除了会扰乱你的心境，益处并不多。所以，过好自己的生活，坚信自己的选择，把更多的精力和注意力投身于自己身上，才是我们最应该做的事情。当你对自己足够关注的时候，你会发现，你没有那么多精力，盯着身边的人都在干什么。不过问他人隐私，不议论他人隐私，是一个人的修养。

越亲近你的人，伤害你越深

我们从小到大生活在这个世界上，不可避免地会受到很多伤害，这些伤害有深有浅，或许它们都不是身体上的伤害，但却可以让我们心痛很久。遗憾的是，那些伤害过我们的人，却一笑而过，毫不在乎。

我出身于一个知识分子家庭，父母都是实在得不能再实在的老实人。父母从小教育我与人为善，他们也是这样以身作则，对于身边的每一位朋友都十分热情、友善。正是由于父母从事教育工作，一辈子工作环境相对单纯，所以他们也是十分简单的人，对很多"社会规则"和"勾心斗角"十分不在行。我也是一个简单的直性子，大学时候老师评价我"缺心眼儿"。没错，我确实心眼不多。但也正是这份单纯，让我获得了不少简单的快乐。可能由于一直生活在"象牙塔"中，上天一定要给我补上这一课，让我好好体会一下"人心"的凉薄。

一路走来，很多人的行为曾经"震碎"过我的三观，深深伤害了我的利益和情感。我也曾看到过身边的朋友们遭遇类似的伤害。总结起来，越亲近的人，伤害你越深，因为其中涉及太多的情感牵绊。你曾真心地付出，换来的可能是算计和陷害。

现今社会，婚姻掺杂了太多功利因素。但两个人夫妻一场，彼此一点情感都没有吗？我认为并不全然是这样，就算没有爱，多多少少也存在一点亲情。但是离婚的时候，两方撕得很难看甚至对簿公堂的并不少见，利益面前，感情变得不值一提，当初的温存所剩无几。因为做过几年法律节目，认识了不少离婚律师，从他们口中也了解过一些真实案例。现实生活中的离婚现场，说"比电视剧狗血"一点不为过，甚至还要精彩几分。有位离婚律师告诉我："离婚是最见人性的。"这句话一点都不假，两个人的人品到底怎么样，结婚的时候未必看得出来，离婚的时候才能见本质。身边有不少女性朋友，在离婚的时候都是一分钱没有拿到，带着孩子净身出户。并不是因为在婚姻存续期自己有什么过错，而是丈夫早早转移了财产或者耍了些手段，让女人除了孩子最后什么都没留下。没有孩子就离婚的更"可怜"，好几位女性朋友收入比老公高，离婚时候被"倒打一耙"，被分割走了很多财产。人走了，钱也没留下。我不知道这样的男性是怎么有脸伸出手的，丝毫不为自己的前妻考虑，白白耽误妻子几年的青春，不想承担家庭的责任，也没有生孩子，就是为了自己"更划算"。

除此之外，恶婆婆撺掇儿子离婚的也不在少数，因为不喜欢儿媳，整天给儿子发信息"打小报告"；儿子和妻子情感有了点裂痕，就添油加醋，甚至偷偷给儿子介绍女朋友，诱导儿子婚内出轨；离婚的时候，更是不顾儿媳妇死活，利益算尽，生怕自己的儿子吃亏。这些丑陋的人性，在离婚的时候显现得淋漓尽致，让你感慨最坏莫过人心。当然，并不是被坑被骗的只有女人，男人遭到丈母娘一家算计的也不在少数，不但自己辛苦奋斗多年的积蓄都被女方家"套走"，还险些搭上父母的"老底"。钱没了还可以再赚，但是情感方面的伤害，短时间内却很难抚平，这份痛苦和创伤，甚至会影响和改变一个人的后半生。

面对那些亲手造成伤害的人，很多时候我们却无能为力。因为你能想到的"打击报复"都没有太大意义，你只能看着"坏人"继续逍遥，却对他们造不成什么伤害。你唯一能做的，就是过好自己今后的生活。这份苦楚，每一个经历过的人都懂。很多女性哭着和我说："我以后一定要过得比他好，给他看看。"听到类似的话，我都会劝她们："活好自己是应该的，但是你不需要证明给任何人看，因为这些人对你都不重要了，他们已经和你没有关系了，你无须在意他们。说句难听的话，你是死是活，他们都不会在意的，你又何苦活出个样子给他们看呢！"那么，到底什么才是活得更好呢？更有钱？房子更大？车子更贵？收入更多？名气更大？我想这些都不是最重要的，重要的是，你由内而外地感受到幸福，无论外在如何变化，你都有一份让自己幸福快乐的能力。有些时候，幸福与金钱无关，至少两者的关系不是绝对的。活得好是自己觉得好，而不是别人眼中的好。

面对一段感情或者一段关系的结束，最需要的不仅仅是疗伤，还有更重要的反思。因为正是这些痛苦，让我们有机会无限接近真相的"本质"，虽然代价有些残酷，但是却为我们的成长提供了助益。当我们遇到挫折时，我们会反思哪里出了问题？你可能会借助一切可以借助的力量，帮助自己继续走下去，比如阅读相关书籍、找好朋友倾诉、寻求专业的心理治疗、放下一切去旅行等；你也许会因为太过难受，暂时选择一个人独处，或者让自己沉湎在情绪之中，甚至偶尔想过放弃……但一路走来，你都会领悟到一些答案，这些未必是你想得到的最终谜底，但都会给予你安慰，给予你收获，给予你继续前行的动力。

这让我想到曾经阅读过的一本书《依恋：为什么我们爱得如此卑微》，书中有这样一段话："我们往往误以为只要不主动去记起或否认痛苦的往事，它们就会自动消失，最终不复存在。但事实上，潜意识中挥之不去的魅影和断断续续的记忆在我们心头留下了深深的创伤，让我们永远难忘。你矢口否认或极力掩饰的痛苦往事控制着你，但只要说出来，它们就会像鬼魅见了阳光一样，顿时烟消云散。"❶ 从我个人的情感体验来看，未必说出来几次就真的能够烟消云散，但当你直面这些创伤，不断地通过自己的努力"处理"这些创伤时，它的伤害性一定会渐渐降低。必要的时候，还可以寻求专业的心理援助。

人生若没有痛与苦，也未必能够算得上圆满，何况任何人都不会

---

❶ 苏珊·福沃德，琼·托雷斯. 依恋：为什么我们爱得如此卑微[M]. 王国平，王宏似玉，译. 北京：北京时代华文书局，2018.

一帆风顺。直面你的痛苦，会让你更强大。就算全世界将你抛弃，你还有你自己，你将成为你自己最坚实的伙伴。而在某个人生的十字路口，你总会遇到知己或者同路人，也许就是偶尔的一句话，在千帆过后，带给你豁然间的释怀。回头来看，这不就是人生么？没有所谓的弯路与捷径，每一段经历都在教会我们一些道理，一切都是值得的，也是幸运的。

伤害过后,你要笑着上路

如果说爱情是两个完全陌生的人走到了一起,那么,亲情的纽带就是血缘。虽然血管里流着同样基因的血,但是,做出的事情却截然不同。也许在生活中,并不是每个人都会遭受亲情的伤害,我相信与亲戚们反目开撕的并不多见,而我却遇到了这样的一幕,人性的赤裸和黑暗在不经意间对我造成了强烈的冲击,如同我价值观的一次地震。

幼时的我,一直认为生活在一个相亲相爱的大家族,父母双方的亲戚都热情、真诚、对我爱护有加。但是,随着年龄的增长,我发现这种亲情变味了。可能并不是亲情变了味道,而是我一直过于单纯。同辈都已经渐渐成年,因为年纪相仿,大家心中不免有了比较,虽然见面依旧亲切,但话里话外不能细品,真心希望你好的人并不多。尤其是各自结婚生子之后,大家都顾着自己的小家庭,再加上不在同一座城市,亲戚间的走动还没有朋友多。身边年龄相仿的朋友们都是独生子女,很多人与我有同样的感受。除去父母之外的亲情概念变得越发模糊。我很羡慕那些和睦的大家族,一大家子人在过节的时候,能够热热闹闹吃一顿饭，在遇到任何问题的时候，彼此能够相互照应和帮衬。这种纯粹的亲情温暖，在如今的社会，变得越发难能可贵。

让我最不能接受的并不是一些表亲之间的冷漠，而是在利益面前亲戚间的陷害，像对待陌生仇人一样，毫无道德底线。如果是"豪门恩怨"也就算了，一个普通的"小门小户"，竟然也上演"拿不到台面上"的戏码。从小到大，我一向非常尊重自己的几个长辈，遇到任何问题，有什么心事，都会毫无保留地和长辈们谈心，让我万万没有想到的是，有一天这些个人隐私，都成了长辈们拿出来八卦的谈资，成为诬陷造谣我的素材。

几年前，我因机缘巧合认识了一个男生。而他恰恰是一户亲戚的朋友的孩子。亲戚们在得知我们两人恋爱后，并不支持，原因并不是考虑我两人的利益和感情，而是一心想着自己的生意。而他们处理问题的方式更是匪夷所思。不是选择正面与我们沟通，而是利用"下三滥"的手段，背后传闲话。因为不想让我过得好，不想我谈恋爱，某位长辈费尽心思地编造了一些子虚乌有的桥段，专门托人告诉男朋友的父母，不但泄露了我的大量个人隐私，还编造了很多不实的谣言，诋毁我的人品，对我造成了很不好的影响，并带来了一系列麻烦。起初我并不相信这是我们家族的亲属所为，因为目的十分龌龊，手段极其卑劣，言语极其恶毒。

单纯的我一直被"蒙在鼓里"一年多时间，直到有一次我和男朋友的家人们吃饭，聊天的过程中，我才知道我家亲戚对我做的一切。那些谣言极其生动，那些诋毁绘声绘色，那些假故事格外精彩，我很佩服他们的想象力，可以猜想他们在造谣的时候，心中的快意。如果我是男方家人，我也会第一反应毫无戒备地相信这些长辈的话，谁能想象得到，自家亲戚会出手害自己的晚辈呢！别人家的长辈，都是说自己家族晚辈的好话，就算有什么不足，也会站在一家人的角度，做到客观评价。我的亲戚不但不能客观评价，还要歪曲事实，颠倒是非，完全胡编乱造一通。我并不知道，他们对我做的事能够给他们带来什么好处，用"损人不利己"来形容十分贴切。我从小到大爱戴了几十年的长辈，竟然像职场剧中的邪恶配角一样，用职场套路来"整我"。我想不明白，我是伤害了长辈们的何种利益，让他们能够用如此手段对待我，猜想大概是那些还没有分割的家族财产吧。

知道"真相"之后，我十分气愤，但是并没有马上与之对质。遗憾的是，因为不在一个城市生活，又因为疫情原因我不能离开北京，所以不能够当面拆穿，问个清楚。由于迟迟不能离京，几个月后，我在家族微信群中提起此事，质问那一对亲属为什么要在背后伤害我。我的初衷很简单，我只想知道其中的原因！结果和我想象的一样，一个咬死不承认，一个模棱两可地摆出长辈的身份讲大道理，对于诬陷一事闭口不提。在我要求当事人几方对质后，两人竟然双双退群了，还同一时间拉黑了我父母的微信，生怕我父母过问。让我难以想象的是，这就是一个家族长辈处理问题的办法，他们用断绝往来的方式试图掩盖真相，掩盖对我造成的伤害。他们表面装着并不在意这件事，但在事情败露之后，他们打电话给每一个认识我的亲朋好友，把诬陷我的话从头到尾又说一遍，拉拢家族的亲朋好友，对我实行"冷暴力"。原因只是怕我和旁人提到这桩丑事，于是"恶人先告状"。竟然还有谄媚的亲戚，没由头地拨通我的电话，不分青红皂白一顿骂脏话，原因只是为讨好欺负我的那两个长辈，因为多年"拿人手短"，为了利益攀附，也想借此机会发泄一番，还号称主持公道。也许这件事的始末会存在一些误会，但我最初的沟通意愿并没有实现，反而变成了一场赤裸裸的闹剧，变成了长辈们对晚辈的欺辱。你并不能寻求平等的对话机会，就算所有人都知道你是无辜的，但也会为了各自利益让你闭嘴。我没有机会问清楚他们背后下手的真实原因，因为真正的目的很可能龌龊不堪。没有人在意对我造成的伤害，没有人考虑过我的感受，没有一个人向我道歉。在我看来，就算是亲戚之间，肆无忌惮地攻击也不是什么光彩的做法。写到这里，忽然想到了丹麦心理治疗师伊尔斯·桑德在《高敏感是种天赋》一书中的一段话："那些在暂时的争执中获胜的人其实并没有过多考虑道德准则，他们能赢是因为他们并不在意是否伤害到对方。在他们看来赢了就行，不管以何种方式，即使他们的行为只是在攻击对方而并不是在坚持自己的观点。"正因如此，让我意识到我的真诚是没有任何意义的，甚至你的愤怒和痛苦都毫无意义，因为不能给对方带来任何影响。每个人的道德标准和做人准则都是有差异的，有人从利益角度出发，有人从情感角度出发，起点不同，目的也不同。而这一幕，竟然发生在亲人之间。

在人生的道路上，我们不可避免地经受一些伤害。既然是命运使然，老天必要教会我们些什么。那么，我们经历的不快，除了带给我们痛苦和愤怒，就没有其他意义了吗？这些伤害带给我们接触"真相"的机会，无论对人，还是对事。阵痛过后，你多了一份对人性的反思，多了一份对做人的思考。我们如何面对这份伤害，如何处理这份伤害？有些人属于"睚眦必报"型，既然你不让我过好，你也别想好过；有些人是隐忍型，君子报仇十年不晚；有些人是宽恕型，忍下这口气，不和"小人"一般计较……比起是否回击，怎样回击，我更加关注伤害对我带来的影响。这份伤害是否改变了我们做人行事的准则？是否改变了我们对外部世界的看法？是否改变了我们重要的人生决定？

我曾经在书桌前的画板上写下："无论这个世界怎样伤害我，我依旧是我。"这句话是在我遭受重大情感打击的时候慢慢总结而来。那是30岁的时候，人性的卑劣让我第一次意识到，有那么多人与我不同，世界并不是我期待的样子。但我同时也意识到，我不能成为他们的样子，我依旧要做自己，坚持自己的价值观。虽然谁也不想经历伤害，但从另外一个角度来看，伤害给了我们不可替代的深刻的情感体验，也给了我们一次次难得的成长机会。痛苦让我们不得不思考，不得不重新审视自己，审视他人。而成长也就在不知不觉中渐渐开始了。对于我而言，正是因为体会到了旁人没有经历的苦楚，才让我有机会看清这个世界，体会人性的复杂。也许我对世界的看法确实改变了，但是我却没有改变我做人的初衷。就算一些人曾经伤害过我，我也不能用他们的方式对待他人，再去伤害这个世界。我依旧会保有我的善良，简单地做好自己，怀有一颗仁爱之心，对待身边的每一个人，哪怕只是一个陌生人。我们不能用自己的道德观要求别人，唯一能要求的就是做好自己。

有人说亲人之间的伤害杀伤力要远远大于陌生人，正是因为多了一些情感牵绊，才让这份矛盾更加耗神伤心。但过多的消耗是毫无意义的，因为只会浪费你的精力，磨损你的快乐。你的生活正在向前，你的人生依然美好，你永远都是你自己。那些人生路途中的风风雨雨只是教会我们如何成长，让我们多一份生活经验。人生的终极目标是幸福，沉湎痛苦并不能获得幸福，与恶人纠缠也不能获得幸福，我们要做的无非就是越挫越勇，过好自己今后的生活。每个人都不可避免地遭遇来自不同方面的伤害，疗伤并前行，才是我们需要增强的必备能力。所有的经历都是一份人生修炼的助益，正是因为经历得多了，我们才会连血带肉地长出一份"抵抗力"。当你越来越强大时，又何惧这些烟云？

世界依然美好，风云过后，我们要笑着上路。

快与慢，学会切换你的人生节奏

这几年，有一个词被常常提及——匠人精神。越来越多的手艺人得到了前所未有的尊重，人们对"一辈子只做一件事"有了超乎寻常的褒奖。匠人之所以在这个时代备受追捧，其中一大原因就是"慢"。这种"慢工出细活"的精神与快节奏的现代社会形成了鲜明的对比，正是因为这种"慢"，让你对匠人们的手艺有一份天然的信赖感。

在讲究效率的都市化生活中，"快起来"不难，"慢下来"却不那么容易。如果你想简单体验一下这个城市的节奏，挤进早高峰的地铁就可以充分感受到那种紧张的气息。每天早上，地铁里的上班族行色匆匆地拿着公文包，把自己挤进拥挤的车厢里。脚下的步伐显示出了心中唯一的状态——"急"，伴着这样的节奏，一天的生活开始了。平日里我们相互问候，大家习惯性地问"最近忙不忙？""最近在忙什么呢？""忙"成为最顺理成章的生活状态，如果你"不忙"，或者"没什么可忙的"，反倒有些特殊。一般情况下，不忙只有两种状态：要么你在调整期，蓄势待发正准备着下一波忙碌；要么可能你最近发展遇到了阻碍，限制了你的忙忙碌碌。在很多人的观念中，"忙"当然是一件好事，说明有事可忙，有钱可赚。

我自己也曾经是一个"很忙碌"的人。记得二十多岁的时候，有一年我一连上了四个多月的班，中间没有休息过一天。现在想想，不知道自己是怎么挺过来的，可当时一点都没觉得累。刚刚入台工作的时候，我每周只休息一天甚至半天时间，基本周周都需要出差，但是动力和激情丝毫不减。那个时候，我恨不得每天24小时都不要浪费，最好把计划排得满满当当，躺在家里睡一天觉，都心疼浪费了时间。有时候遇到大型活动或者电视节目录制，一连工作十几个小时，但工作结束后，还可以和朋友们出去看场电影。研究生同学送给我一个外号："小坦克"，永远都是战斗力满满，不知疲惫。"小坦克"有没有累的时候？当然也有。记得有一次穿着十几厘米的"恨天高"，主持了6个多小时的活动，有一个脚趾竟然疼得失去了知觉，过了三四天才缓过来。在过度疲惫后，"小坦克"也会在家里躺上一整天，像充电一样，好好回回血。但那时候的我十分享受忙碌的状态，忙碌能够给我带来一种获得感，在忙碌中我才能体会到充实。也正是因为过于忙碌，来不及胡思乱想，忙碌成了焦虑最好的缓解剂。

我猜想很多人曾经有着和我一样的生活状态，身边的很多朋友现在依旧这样忙碌着，甚至比我还忙。有一个朋友做IT工作，快四十岁的年纪，每天早上6点起床，通勤两个小时赶往公司上班，几乎天天加班，晚上10点能够回到家里都算是很奢侈的事情了。而在这座城市中，还有很多人比他还忙。无论你有多忙，你总能在身边找到比你还忙的人。我有一位同学十分优秀，在生产第二天就开始工作了，躺在产床上一边喂奶，一边做项目报告，着实让我们佩服。看到身边的人都那么忙碌，如果你有一段时间闲了下来，都会感觉有点慌张。

我曾经很享受这种忙碌的状态，想慢也慢不下来。记得有一次和一位心理咨询师朋友一起逛街，她说："你是一个效率很高的人，每天都排得满满的，但你要问问自己，每天这么忙碌，你在躲避什么呢？"这个问题把我问懵了，我马上回答："什么都没有躲避啊，我过得挺好。"直到后来，随着不断在心理领域深耕，才慢慢体会到了她当时提问的深意。疫情期间，每个人的生活脚步都放慢了，很多工作被迫停止。正是居家隔离的那几个月时间，很多人发现了不少家庭问题，很多情感矛盾都浮出了水面，甚至在疫情刚刚缓解的时候，很多人排队去民政局离婚。那些问题是因为"闲"才出现的吗？我想不是。很多问题正是被我们的忙碌掩盖了。因为忙碌，我们来不及多想、多看，那些被层层积压的问题，如冰山一般掩藏在水平面之下。由于平日时间太过仓促，我们只关注到了冰山顶端漏出水面的小小一角。但深埋在水下的巨大冰山却无暇顾及。但这些真正的问题对我们产生着巨大的影响，只有当我们有时间、有精力，去处理水下的冰山时，问题才能真正被解决。而很多人的冰山由于过于巨大，还没有来得及处理，婚姻之舟就触礁了。

那么，是什么让我们停不下来呢？我想其中很重要的一个因素就是焦虑。无论你多么努力，你总会看到比你更优秀的人。处在无形的社会环境中，我们不断追求"更好"的生活，我们生怕落后于别人，担心"逆水行舟不进则退"。我有一位朋友，985院校研究生毕业，在大城市有房有车，还有一份稳定的工作。但每次见面，我都能深深感受到她的不安。她总是担心自己稍微不努力，就无法在这个社会生存，万一工作有个闪失，连温饱都堪忧。但从现状分析，她已经为自己打下了一定的经济基础，不至于生存都成问题。但无论怎样劝说，她依旧怀有类似的担忧，难以获得轻松的生活状态。对于大部分人来说，欲望是无止境的，我们总在追求自己还没有获得的东西，追求着所谓的更好的生活。"人无远虑必有近忧"，有规划、有方向是好事，但过度地担心未来，难以享受当下生活，也是一种损失。很多人停不下来，并不是有多少工作让他停不下来，而是不允许自己休息。休息会加重焦虑，反而觉得心里不踏实。索性就不休息，或者少休息。尤其是一些生育孩子的家庭，不但要担心自己，还要替孩子的未来谋划。但长久的快节奏生活，不但容易滋生急躁、愤怒等负面情绪，也会给身体带来沉重的负担。身体疲惫和精神疲惫同样值得我们警觉，不要等身体发出了信号，才被迫慢下来。

我曾经听到过这样的声音："总关注心理问题的人，都是太闲、太矫情。如果足够忙，有正事干，根本没闲工夫关心这些没用的事。"言外之意，心理工作没有太大意义，心灵成长是无用的事情。还有一次，一个表妹问我心理常识问题，她说大学时想选修心理学，她对这些很感兴趣。她身边的母亲马上说："别听你姐那些乱七八糟的东西，不开心找闺密们聊聊，心理咨询师和心理医生都是骗钱的，哪有闲工夫搞那些没用的。"我很遗憾，生活在如今的21世纪，还有人对心理学抱有如此无知的认识。关注心理健康、关注心灵成长到底有没有用？这个问题无须多言。如果出现了一些问题，都能简单地通过找朋友聊聊天就可以解决，那么，那些精神科门诊、心理咨询室又怎么会存在呢？心理学科百年发展的意义又在何处？有些问题不是"闲"出来的，而是忙碌掩盖了这些问题，有些人正在用忙碌逃避那些问题，无论那些问题是来自外部世界还是内部世界。正是因为生活中有太多东西需要我们及时处理，所以，我们留给自己的时间并不多。

这几年，随着生活节奏的放慢，我也在不断地学着享受当下，不断地探寻内在自我。生而为人，也许你并不了解自己，或者说，你没有那么充分地了解自己。这才出现很多时候，我们既矛盾又挣扎，明明在争取自己想要的东西，可是得到后却没有想象中的开心。一些不必要的焦虑，往往不来自社会大环境，反而来自我们自身，而我们的一生都在学着如何与自己的焦虑更好地相处。适当的焦虑能够促使我们不断向前，但过度的焦虑会摧毁你的生活。为什么你的情绪很容易受到他人影响？恰恰是你对自己不够确信，而这份确信是建立在自己对自己的充分了解和接纳之上的。很多人恰恰由于过于忙碌，而没有给自己留够太多的时间和空间。我们误认为很多东西是自己想要的，但是却又很容易受到周围的影响，放弃或者改变自己做出的决定，因为你根本不知道自己真正想要的是什么。只有当节奏慢下来，很多思绪才会渐渐清晰，而必要的放松正是给予充分调整的机会。如果我们忙到一点喘息闲暇都不留给自己，等待我们的将会是更大成本的修补付出。能够慢下来，享受当下，也不失为一种收获。这里的"慢"，指的并不是假装慢下来，并不是指一个很忙碌的人，抽出一天时间在家里睡一觉，或者偶尔给自己放几天假，带着工作出去旅行。我所指的"慢"，是让你的内心节奏慢下来，让你飞速转动的大脑放空一下。当你学会如何真正慢下来的时候，你会发现，你的人生效率反而会提速，并且动力更加持久。

当然，人生最理想的节奏不是只有慢，或者只有快。想快则快，想慢则慢，能够自由调整自己的内在节奏，能够按照需要进行切换，才是最佳的状态。因为只有这样，我们才不会像一根皮筋一样，不断拉扯，面临随时绷断的风险。记得学习舞动治疗的时候，有一节课是体验"极速"与"缓慢"，老师让我们在音乐的节奏中，在地上代表快、中、慢的三个圈中自由舞动穿梭，回想自己生活中"极速"和"缓慢"的场景。通过这个练习，很多同学觉察到自己生活中"极速"多于"缓慢"，经常处于紧张和焦虑之中。能够懂得如何调节"慢与快"，会对我们的情绪产生重要影响。任外在世界风云变幻，我们都能有一颗安定的心。急中有稳，稳中有章。而这一切的精髓，都要从一个"慢"字练起，也许你会发现，慢比快更难。有张有弛的人生，才会让我们更加从容。

那么，如何获得想快则快、想慢则慢的节奏呢？如何更好地在两种状态下自如切换和调取呢？我想首先是你要充分体验这两种不同节奏的内在感受。快也许不难，难的是如何慢下来。在这里讲讲我个人的亲身经历，或许能够给你带来一些启发。

这两年，我往返于北京和广州两地次数增多了，对比北京的生活节奏，广州安然惬意了很多。身边广州的朋友常常嫌弃我做什么事情都太急，走路急、吃饭急、打车也急。但这种快节奏早已成了我的生活习惯，不仅仅是行动急，"心也急"。人在急躁的促使下，做什么事情都希望快一点看到结果，在追求效率的同时，更在乎利益得失。广州的朋友告诉我，生活的真谛在于"慢"，只有慢下来，才叫生活，笑称我过的日子是生存。印象深刻有三件小事。

第一件是有一次我在广州打了个专车,显示有 18 分钟才能到。如果在北京,这种订单八成是要被取消的,除非车很难打,谁能等得起这么久呢。师傅打来电话,我本意是要取消订单的,没想到对方先开口了:"你不要着急啊,我一会儿就到了,你慢慢等。"如果换作是北京的师傅,一定会说:"我离您比较远,时间挺长的,要不您就取消吧。"就这样,我还真的等了 20 来分钟。第二件是参加舞蹈课程培训,同一品牌的舞蹈机构,我在北京上了两年课,任何一个老师的课程没有一次是晚开或者拖堂的,在广州我也按着老规矩,算准时间急匆匆地打车赶到教室,可到了之后就傻眼了。上一堂课的老师席地而坐,正在和同学们闲聊。教室外的同学有的在吃饭,有的在聊天,一个个优哉游哉。这堂课足足晚了课表 40 分钟才开始,如果在北京一定会被投诉,没想到所有人除了我都不着急。第三件是做美甲。店里当时只有一个美甲师,我后面排了两个顾客,但是美甲师还是慢悠悠地给我做指甲,极其仔细,后面的顾客不急也不催,就在那里刷着手机,静静地等着。过了快两个小时,那两个顾客还在沙发上看手机,一点急躁的情绪都没有,美甲师也不急,一点都没"提速"。倒是作为顾客的我有点着急了,让后面的两个女孩等这么久,有些不好意思。如果换作是在北京,等这样一个慢悠悠的美甲师两个小时,后面的顾客要么走掉,要么一定会暴怒发脾气。就这样,一件件的小事累积下来,磨得我只能入乡随俗,着急不起来。

这种"被迫"的慢体验,让我对生活有了新的思考。一直以来,我都是一个追求效率与效果的人,职业使然,一毕业就追着新闻跑。但多年下来积累的情绪体验并没有让我获得更自如的生活状态,反而在急躁之下影响了生活质量，也容易冲动行事。能快则快，能慢则慢，才是最理想的节奏，因为只有这样，我们才能够"按需调整"，在生活与工作中完美地切换。更多时候，切换的不是行动，而是心态。只有你的心平静了，你在这个世界才能更加自得。